芝宝贝 zhibabu
始于2006年

0~3岁喂养

同步必读

医学博士，中日友好医院儿科主任、主任医师
北京大学医学部教授，中国协和医科大学博士生导师
周忠蜀 编著

U0248299

中国妇女出版社

图书在版编目（CIP）数据

0～3岁喂养同步必读／周忠蜀编著.—北京：中国妇女出版社，2013.7

ISBN 978-7-5127-0723-8

Ⅰ.①0… Ⅱ.①周… Ⅲ.①婴幼儿—哺育—基本知识 Ⅳ.①TS976.31

中国版本图书馆CIP数据核字（2013）第120016号

0～3岁喂养同步必读

作　　者：	周忠蜀　编著	
责任编辑：	李　里	
封面设计：	沈　琳	
出版发行：	中国妇女出版社	
地　　址：	北京东城区史家胡同甲24号	邮政编码：100010
电　　话：	（010）65133160（发行部）	65133161（邮购）
网　　址：	www.womenbooks.com.cn	
经　　销：	各地新华书店	
印　　刷：	北京恒石彩印有限公司	
开　　本：	170×240　1/16	
印　　张：	16	
字　　数：	180千字	
版　　次：	2013年8月第1版	
印　　次：	2013年8月第1次	
书　　号：	ISBN 978-7-5127-0723-8	
定　　价：	34.80元	

目录
CONTENTS

第一章

为宝宝提供全面、均衡的营养

1

第二章

0～3岁宝宝的成长与营养方案

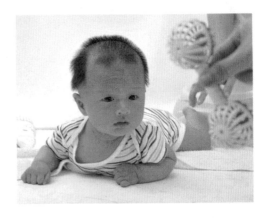

第三章

吃对了食物，宝宝更健康

第四章

营养不均衡所导致的疾病

第五章

宝宝常见疾病与饮食调养

附 录

常用食材搭配宜与忌

鸣谢：

特邀模特：鼎 鼎 周子钧 蒙乐山 黄煜宸 牙 牙 周庭泉 李家桐 樱 桃 小东子 妮 妮 吴 瞳 Johnny 畅 畅 刘腾文 之 之 王梦然 瞿 力

摄 影 师：郭泳君 李永雄 张 磊 杨佳静 Daivd

第一章
为宝宝提供全面、均衡的营养

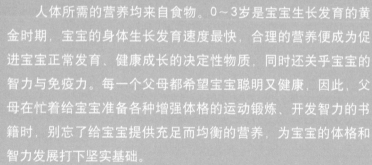

人体所需的营养均来自食物。0～3岁是宝宝生长发育的黄金时期，宝宝的身体生长发育速度最快，合理的营养便成为促进宝宝正常发育、健康成长的决定性物质，同时还关乎宝宝的智力与免疫力。每一个父母都希望宝宝聪明又健康，因此，父母在忙着给宝宝准备各种增强体格的运动锻炼、开发智力的书籍时，别忘了给宝宝提供充足而均衡的营养，为宝宝的体格和智力发展打下坚实基础。

均衡的营养对宝宝意义重大

智力发展的物质基础是大脑

孩子的聪明与否由遗传决定，这大概是多数人所认可的想法。事实上，遗传的确对孩子的智力存在一定影响，但真正挖掘出遗传的潜力并不容易。而智力更多的是与怀孕前、怀孕期间、婴儿出生后前几个月的营养息息相关。比如体质弱的孩子沉默寡言、不爱动，但如果给予丰富的营养，情况便会有所好转。

其实，智力发展的基础是大脑，宝宝在出生后至3岁期间是脑部发展的关键时期，在这期间能否给宝宝提供充足、均衡的营养，决定了宝宝脑部功能是否健全，进而决定了智力发展程度。

一个人的聪明程度由大脑许多部位的发育特征决定着。最关键的当数大脑皮层，它是人们进行思考和逻辑推理的部位，它有多个脑叶，分别接受着我们的语言、思考、记忆、触觉、听觉、视觉等信息。

童年时期，人的大脑皮层逐渐变厚，而到了成年时期，大脑皮层逐渐变薄。这说明童年是一个人大脑发育的关键时期。此外，由于大脑的发育具有不可逆性，如果父母在这一时期忽略了宝宝的营养，未能及时补充，给宝宝的智力造成伤害，也许会影响一生，即使日后努力改善也很难弥补。

营养是大脑发育的保障

蛋白质、脂肪是大脑的主要构成成分，此外还有碳水化合物、矿物质以及维生素，它们不仅是身体所需的营养素，还是大脑发育的基本条件、维持大脑功能所必不可少的保证。这些营养素能否充分供给，决定了大脑结构与功能的物质是否健全。

蛋白质是细胞的主要成分，如果缺少，就会使得大脑的脑细胞数目减少，降低大脑酶的含量与活性，影响大脑发育；脂肪影响宝宝神经系统的生长和发育；碳水化合物是大脑神经细胞活动的热能来源；矿物质与维生素对脑细胞的功能起加强作用。

宝宝在出生后，大脑的神经细胞很快就会增加到所需的数目。如果宝宝在这期间缺乏营养，对大脑造成的伤害也就最大。因为脑细胞缺乏的时间越早，损害也越大，对于一生的智力将有持续性的影响。

免疫力是宝宝健康的保卫者

人体80％的疾病与免疫力有关，也许父母都注意到了，体质差、虚弱的孩子总会发生感染，而营养充足的宝宝就会很健康。这是因为免疫力与饮食营养有着密切的关系。父母要想减少病菌对宝宝的伤害，除了帮助宝宝建立外在的良好环境，更应该注重培养宝宝内在强大的免疫力。这样即使宝宝不小心患病，也能尽快恢复健康。

当细菌和病毒侵入身体时，体内的淋巴组织会产生一种抗体。它可以对抗病毒和细菌，或者把这些病毒和细菌转化为对人体无害的物质，从而避免感染。

但是，这种抗体并不是平白无故就可以生成的，它需要有充足的营养。抗体是一种蛋白质——免疫球蛋白，如果体内蛋白质、热量少，使得蛋白质来源不足，就会导致免疫球蛋白减少，机体抵抗力严重下降。而当宝宝营养充足时，体内的淋巴组织就会赶紧行动，迅速地制造出许多不同的抗体，来对抗病菌和病毒的威胁。

除了这些抗体，体内的白细胞、淋巴细胞也是宝宝的保卫者，它们有着和抗体一样的功效，消灭病毒病菌，阻止病毒繁殖。

均衡营养是宝宝的免疫之源

均衡的营养是宝宝的免疫之源。所以，要想有足够的抗体，宝宝还是要靠"吃"。

新生儿主要食用母乳，这是最好的营养来源，事实证明，食用母乳的宝宝的抵抗力要强于食用牛奶的宝宝。宝宝开始吃辅食以后，父母要在遵循均衡膳食原则的同时，给宝宝添加富含免疫成分的食品。

蛋白质参与制造与免疫相关的抗体；核苷酸是体内供应能量的主力军；维生素A增强各组织表层的抗病能力，降低感染性疾病的发生；β－胡萝卜素能够在体内转化为维生素A；维生素C是最好的抗生素，能够预防感染，抑制细菌的生长，消除病毒病菌的毒性，还有加速身体复原的作用；维生素E能增加抗体，清除病毒细菌；锌可以直接抑制病毒增殖；充足的铁可以加强免疫功能，维持体内T淋巴细胞和B淋巴细胞数量与质量的稳定；食物中的多糖类物质，可以提高人体的免疫功能。

营养保障了宝宝的骨骼发育

科学的营养会决定宝宝的骨骼发育，宝宝的骨骼发育又决定宝宝的体型和外貌。许多父母缺乏育儿知识，仅关注宝宝长大后的坐姿、走姿，而不关注营养，等宝宝长大后出现骨骼歪曲时虽然无限惋惜，却仍旧不知道这和营养不良有关。

在宝宝迅速生长发育的幼儿期，宝宝骨头里的钙、磷等无机盐含量少，有机物含量多，所以宝宝的骨骼一般呈硬度小、弹性大、柔软、不容易骨折和断裂的特点，但却容易发生变形。此外，这个时期里，宝宝的各个器官功能还没有定型，容易发生变化。因此这时就更要注意让宝宝的营养跟上，从而保持健美的体型。

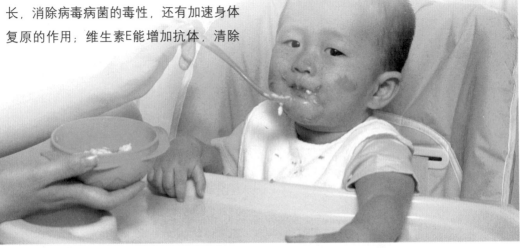

如果宝宝的饮食中缺乏了骨骼发育所需的营养，那么骨骼异常发育会随着年龄增加而愈加明显，一些背部、腿部的骨骼异常可能在宝宝的成长过程中不易察觉，却能使宝宝在日后甚至成年受背痛及足部问题的困扰。相反，如果宝宝骨骼发育好，比如胸腔处的骨骼发育好，会使胸腔容积扩大，从而有足够的肺活量，不容易发生呼吸道感染，有利于血液循环。

脸部骨骼的发育不良会使宝宝出现如脸型狭窄、拉长；前额凸起、凹陷；下巴倒缩、嘴巴突出等情况。不管是哪一种异常都会影响宝宝容貌。当宝宝脸部骨骼小且发育不正常时，宝宝的鼻窦容易发炎，引起头痛。

因此，父母要保证为宝宝在日常生活中提供合理营养，如供给足量的蛋白质、脂肪、碳水化合物、维生素、无机盐以及各种微量元素。让宝宝从小保持健美的体形，让宝宝身体各个部分正常发育，不仅使其外形美观，而且有利于宝宝全身，特别是内脏器官的健康发育。

均衡的营养能使宝宝拥有好性格

有的父母感叹自己的宝宝爱哭闹、任性固执，脾气暴躁，或孤僻内向、胆小怕事等，不如别人家的宝宝那么"好带"。事实上，除了天生这一因素，宝宝的性格也与所摄取的营养是否充足有关联。父母应该在苦恼之后，更多地关注一下宝宝的饭碗。

宝宝的饮食不仅决定了他的长高长壮，还决定了他的脾气与性情。有实验表明，婴幼儿的哭闹、少儿的忧郁，以及各年龄段人们的暴躁易怒，都可能与不良的营养状态有关。事实证明，在饮食上做了调理之后，比如给宝宝添加有营养的食物，宝宝的健康和脾气可能会得到显著的改善。在宝宝的成长期给予充足的营养，可使他更健康也更活泼可爱。

宝宝缺乏富含钙、镁的食物，会任性、容易哭闹、脾气大。因为钙对神经刺激的传导有帮助，宝宝缺钙会因神经不能松弛而精神紧张、脾气暴躁。同样，缺乏镁也会对神经活动传导造成干扰，出现暴躁和紧张。

宝宝长期缺乏维生素B，会好动、马虎粗心、注意力不集中。而含铅、铝高的食物会加重宝宝这一情况，因为重金属一旦进入宝宝的体内，很难排除，使宝宝出现智力减退、记忆力下降等情况。

宝宝的饮食原则

营养不可摄取过少

万物皆有规则，营养更是如此。宝宝的营养不是简单地以吃得少、吃得多、吃得好来衡量，而更应该吃得对。这需要父母首先建立正确的营养观念，学好均衡营养这门功课，按照科学的营养知识给宝宝进食，使宝宝茁壮成长，更健康、更聪明。

为了保证宝宝有一个健康的体魄，妈妈必须在怀孕期间甚至怀孕前，直到宝宝出生后，都要给他提供足够的营养。

如果宝宝有充分的营养，这些营养便可为宝宝一生的健康打下基础，包括智力、体力和免疫力等。反之，营养不良不但会影响宝宝的生长发育，而且对宝宝的智力、骨骼、性格等方面有着不容小视的深远影响。比如出现逐渐消瘦、精神萎靡、神经衰弱、皮肤干燥、骨骼肌退化、机体抵抗力低、成为传染病的易感者等。

虽然3岁以下的宝宝所需的营养成分不同于成人，但一些父母常会为宝宝准备简单的、类似成人的食物，而忽略为宝宝准备适合他们的食物。加上一些父母工作繁忙，无法仔细照料宝宝，可能在不经意间就导致宝宝营养不均衡。

过多摄取营养对宝宝发育不利

随着人们生活水平的提高，以及当今父母对孩子的重视程度有所增加，营养不良的宝宝已经逐渐减少，取而代之的是肥胖、增长过快或营养不均衡的宝宝。

宝宝在婴儿时期的生长速度是一生中最快的，因此更加需要全面均衡的营养来支持。一些父母生怕自己的宝宝营养不够，不利于生长发育，便使劲给宝宝补充营养，忽略了科学营养、营养均衡的重要性，使宝宝出现营养过剩的情况。

蛋白质过量

0～3岁的宝宝各个器官发育都不完善，有时无法承担一些过多营养素的代谢任务。比如，宝宝长期摄入过多蛋白质，无法被身体吸收的剩余蛋白质便会转换为脂肪，使宝宝出现肥胖症状；此外，这些剩余蛋白质还会因无法排出体外，而破坏宝宝体内营养素的平衡，导致宝宝容易出现发热、呕吐、腹泻等情况，严重的还会导致高氮血症，对宝宝的智力造成影响。

脂肪过量

宝宝摄入过多脂肪，这些脂肪便在身体形成堆积。肥胖儿童在日后的成人期患高血压、高血脂、糖尿病的风险会大大增加。

维生素过量

维生素是保持人体健康的重要活性物质，父母除了给宝宝多食用含维生素的食物外，还会给宝宝辅助喂些维生素药物。但一般来说，均衡摄入含有维生素的食物，多晒太阳，适量补充维生素制剂，已经可以满足宝宝对维生素的需求。如果额外添加过多的辅助药物，会因宝宝身体无法承担和吸收，而发生呕吐、厌食、焦躁等维生素中毒现象。

甜食不可过量

糖类可以为宝宝的身体提供正常运作的大部分热量，有保持体温、促进新陈代谢，并维持大脑和神经系统功能正常的作用。因为口感好，甜食总是深受宝宝的喜欢。但父母一定要控制并减少宝宝对糖、饼干等甜食的摄取量，因为宝宝已经从日常膳食中得到了足够的糖类，不需要再额外补充。这些甜食给宝宝提供的更多是热能，而并非宝宝所需的蛋白质、维生素、矿物质等物质。这些甜食不仅会影响宝宝的生长发育，妨碍牙齿生长，还会使其中的碳水化合物在代谢过程中转化为脂肪，导致宝宝肥胖，并诱发多种疾病。

垃圾食品少摄取

垃圾食品，就是那些只能提供一些热量，而并无其他营养素的食物，平时宝宝爱吃的大量甜食、冷饮、油炸食品、罐头、火腿等。有一项营养调查发现：目前有92%的儿童食用过多的饱和脂肪；86%的儿童食用过多的糖，72%的儿童食用过多的盐，96%的儿童没有吃足够的蔬果。越来越多的宝宝都成为了肥胖军团中的一员，这不得不引起爸爸妈妈的注意。

许多垃圾食品非但不会对宝宝的生长发育有帮助，还会影响宝宝的健康。

这些垃圾食物无疑都有共同特点：高糖、高脂，而蛋白质、纤维素、矿物质含量低；如炸薯条、洋芋片、炸鸡和可乐等食物；或者高热量、营养素少的点心，因含有过多油脂、盐分和糖分，较高的香精、色素、防腐剂，对宝宝的胃肠道有损伤，有的还有致癌作用。一些高糖的碳酸饮料，会带走体内的钙。有的宝宝还会因为吃了垃圾食品而形成饮食不规律，影响正餐的食欲，导致厌食。

宝宝营养素的来源

谷物

宝宝的营养素并非来自辅助药物，也并非单纯来自奶制品与肉类。事实上，五谷杂粮与水果蔬菜、豆制品也应该是宝宝餐盘里的主角，因为这些食物不仅可以为宝宝提供正常需求的营养物质，还能避免奶制品与肉类摄取过多给宝宝造成脂肪、胆固醇过高。因此，父母应该纠正对宝宝饮食的错误理解，把正确的、适宜的食物合理地安排在宝宝的食谱中，以保证满足宝宝的主要营养需要。

大米、小麦、杂粮、薯类等被称为谷类食物，是我们传统膳食中的主食。谷类食物含有碳水化合物、蛋白质、膳食纤维以及维生素等营养物质，供给人体热能。

在谷物中，父母还应给宝宝的饮食多添加些粗粮，如大麦、燕麦、小米、全麦面包等。因为这些粗粮含有多种碳水化合物，对于正在成长的宝宝来说，是能量的主要来源，它们不仅营养丰富，也容易被吸收。

但是谷类食物过度加工，或是烹饪过度，都会损失其中的无机盐和维生素。因此，父母在加工制作中，要注意把握尺度。

蔬菜

蔬菜是维生素和纤维素的主要来源，此外还含有宝宝身体所需的钙、磷、钾、铁等矿物质。这些矿物质可参与构造宝宝身体各组织，起到调节身体各种生理功能的作用。纤维素可以促进宝宝肠蠕动，有利于帮助宝宝把体内的有害物质及时排出。蔬菜有绿叶蔬菜和普通蔬菜两种。绿叶蔬菜，如菜花、甘蓝、白菜等，其中维生素C和β－胡萝卜素要较高于普通蔬菜。β－胡萝卜素可促进宝宝生长发育，增强身体免疫力。

蔬菜因其含有特殊的香味，能够刺激宝宝食欲，一般宝宝都比较爱吃。但父母在选择蔬菜时，一定要注意选择新鲜的，因为新鲜是营养素是否丰富的关键保证。而且，一种蔬菜不可能包括身体所需的所有营养素，因而父母最好做到多样搭配，让宝宝每天食用两三种；同时在烹调时应少放盐，并尽量缩短时间，从而保证其营养素不流失。

豆类及豆制品

豆类中含有比较齐全的营养成分，蛋白质含量高。比如，大豆脂肪中的不饱和脂肪酸不同于动物脂肪的胆固醇，含有的亚油酸、亚麻酸，对宝宝大脑发育很有利，此外大豆还含有丰富的矿物质和维生素。

豆类中营养价值最高的是大豆，但大豆中的碳水化合物在体内不易消化，容易引起肠胀气和腹泻。大豆含有皂角素，可刺激胃黏膜，所以，如果给宝宝食用没有煮熟的黄豆或豆浆时，易使宝宝产生恶心、呕吐、头晕、头痛、腹胀、腹泻等症状。

豆制品，如豆腐、豆腐干、豆浆、豆芽等，营养丰富、容易消化和吸收，同时去除了大豆中对身体不利的成分，因此应给宝宝多吃。

水果和坚果

水果有着与蔬菜类似的营养素，含有膳食纤维、矿物质、维生素C和β－胡萝卜素等。水果含有糖类，因此带有甜味，宝宝比较喜爱。但由于水果中的物质不能给宝宝提供充足全面的营养素，父母要注意不能用水果完全代替蔬菜和主食。

坚果比较可口，而且营养丰富，含有蛋白质、碳水化合物、维生素E、B族维生素、钾、镁、磷、钙、铁、锌、铜等营养成分。对于增强宝宝体质、促进生长发育、预防疾病有很好的帮助。同时，坚果中的脂肪富含人体所必需的脂肪酸，是优质的植物性脂肪，给宝宝大脑和视网膜的良好发育提供了保证。

但坚果不容易被消化，且有可能造成宝宝窒息，所以对于小于2周岁的宝宝，父母可以把坚果磨碎，放在其他食物里喂给宝宝。这样不仅利于宝宝的消化，也利于其营养物质的充分吸收。2周岁以上的宝宝便可以吃整粒的坚果了，但父母也要注意看护好宝宝，以免发生意外。

肉类

肉类营养丰富，富含蛋白质、脂肪纤维素和矿物质，可供给人体需要的绝大多数营养素。其中，肉类蛋白质的氨基酸有着很高的生理价值。

肉类中，瘦肉的蛋白质要高于肥肉，肥肉的脂肪要高于瘦肉。瘦肉中的铁，可以防治宝宝缺铁性贫血。但肉类的碳水化合物含量比较低，而且摄取过多，其脂肪容易导致宝宝出现肥胖等症状，因此父母要注意同时从豆类、谷物、蔬菜、水果中获取更多的营养。在给宝宝做肉类食物时，父母要注意精细加工，彻底蒸煮，并辅助给宝宝食用素食。

宝宝必需的营养

适量摄取动物蛋白

蛋白质是构成人体各组织器官的主要物质，可以说人体内整个新陈代谢过程需要蛋白质，大脑从事复杂智力活动需要蛋白质，身体抵抗疾病所产生的抗体均需蛋白质。

婴幼儿时期是宝宝身体各个系统发育的最重要时期，因而需要充足的蛋白质来满足生长发育的需求，同时也需要蛋白质对体内破坏的组织起到修补和恢复的作用。所以鸡蛋、鱼类、奶类、各种蔬菜、豆类等含大量蛋白质的食物，对宝宝来说是必不可少的。

要注意的是，鸡蛋、肉类、奶类中的蛋白质虽然比较丰富，但碳水化合物、维生素和纤维素含量较低，胆固醇、动物脂肪过高，所以父母应让宝宝适当摄取，以免引起肥胖。在食用的时候，结合摄取蔬菜、豆类等植物蛋白质，也能够补充动物性食物的碳水化合物、维生素和纤维素不足。

蛋白质是大脑发育的关键营养

0～3岁是宝宝脑发育相对较快的时期，这时要有丰富的营养物质来供给脑部，蛋白质是这些营养物质中最关键的，需要量也较大。因为蛋白质是构成大脑的重要物质，当人们在从事脑力活动时，需要蛋白质来提供脑细胞代谢，以此维持大脑的各种运动状态。因此，蛋白质决定着宝宝的大脑发育，如果缺乏蛋白质，将降低婴儿脑细胞的数量和质量，宝宝摄取蛋白质越低，大脑结构受损情形越严重。

随着宝宝的生长发育，以及环境的不同，日常活动量的增加，宝宝对蛋白质的需求也各有不同。年龄越小的宝宝生长发育越快，因而所需的蛋白质也就相对越多。一般来说，宝宝每天根据每千克体重需要供给蛋白质3克～3.5克。

饱和与不饱和脂肪酸

脂肪是身体必需的营养素之一，所含的热量高于碳水化合物的两倍，是丰富的热量来源和重要的供能物质。

脂肪是身体构成的重要成分，还能因在皮肤下阻止体热散失而起到维持体温的作用。同时，脂肪围绕在器官的周围，像垫子一般缓冲机械冲击，起到保护器官的作用。不仅如此，脂肪还能作为溶剂而促进维生素的吸收。

脂肪由脂肪酸构成，分为两类：来自牛油、猪油、羊油等动物食物中的脂肪酸，是饱和脂肪酸，它们能使身体产生能量，但也很容易导致一些疾病，如心脏病和卒中等。而来自大豆油、玉米油、花生油等植物油中的脂肪酸，是不饱和脂肪酸，有助于控制血液中正常的胆固醇含量，防止疾病，有益于身体健康。

脂肪不可或缺

身体的每一个细胞，都需要脂肪酸，脑部尤其是这样。如果没有脂肪，那么维生素A、维生素D、维生素E、维生素K等都无法被吸收。婴幼儿时期的宝宝脂肪代谢不稳定，容易消耗，如果长期供应不足，会出现营养不良、发育迟缓，引起各种脂溶性维生素缺乏症，如维生素D吸收不足，会影响身体对钙的吸收能力；维生素A不足，会出现皮肤干燥、鳞状脱屑等情况，还会使宝宝体重增长减慢。

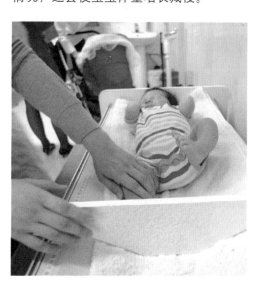

糖类的来源

糖类即碳水化合物，是构成人体各组织的重要成分，可以给宝宝的身体提供热量，保证宝宝身体正常运作，还能够保持宝宝体温，促进新陈代谢，驱动肢体运动，维持大脑和神经系统正常。如果供给充足糖类，让肝脏中储备充足的糖原，不仅可作为身体需要时能量的来源，还能在一定程度上避免肝脏受到有害物质的损害。

相比成人来说，0～3岁的宝宝需要较多的碳水化合物。在宝宝最初的饮食中，糖类多为来源于各种奶类的乳糖和蔗糖。刚出生的宝宝可以消化乳糖，并吸收，但对于蔗糖则没有较好的消化能力。在日渐成长后，宝宝可以从蔗糖、大米、小麦、玉米、大麦、燕麦、水果、坚果、蔬菜中获取糖类。

糖类需要不断补充

碳水化合物除了存在于血液和细胞液外，主要存在于人体的肝脏和肌肉中，含量并不高，一般很容易在一天中就消耗完，因而需要不断地补充。但一旦摄入过量，则会转化为脂肪导致宝宝肥胖。

纤维素多在素食中含有

人体对纤维素的补充来源于膳食纤维，在当今，缺少膳食纤维成了诸多疾病的直接或间接原因，因此纤维素对于人体的重要性已经得到人们的认可。近年纤维素被列为除了蛋白质、脂肪、碳水化合物等6种营养素之外的第7种。

人们对膳食纤维的补充应从婴儿开始，宝宝自6个月以后能够接触半流质食品的时候，父母就应该给宝宝添加含有纤维素的食品，如给他喝些鲜榨果汁等，让他逐渐适应纤维素，这对保护宝宝肠道、避免肥胖有不可缺少的功用。鱼肉、家禽肉、蛋、奶制品中没有纤维素，纤维素丰富地存在于粗粮、麸皮、蔬菜、水果、谷类、豆类等素食中。

纤维素保护宝宝肠道

纤维不被肠道直接消化和吸收，但可以被肠道细菌分解，继而被人体吸收利用。它对于促进肠道蠕动、保持正常的消化功能是大有裨益的。宝宝在1岁左右时，是建立排便规律的重要时期，这时，父母就应注意逐步给宝宝添加膳食纤维了。

膳食纤维有很好的吸水性，可避免大便干燥，促进肠道的正常蠕动，加快排泄，保护消化功能。不仅对厌食的宝宝、患便秘的宝宝大有帮助，还可以预防肠道疾病。如果父母给宝宝吃的食物太过精细，如牛奶、肉汤和鸡蛋等缺乏纤维素的食物，由于对肠道蠕动的刺激少，使食物通过宝宝肠道的速度过慢，便有可能使一些致癌物质在肠道里增加停留时间，加大感染风险。大肠癌的致病原因便多出于此。

热量维持身体基本活动

热量给人体提供基础的代谢能量，我们每时每刻都在消耗能量。婴幼儿时期的宝宝生长发育飞快，热量自然是必不可少的，成人每日每千克体重仅需约209千焦的热量，3～4岁的儿童需要418千焦，而1岁以下的宝宝需要约500千焦。

与成人一样，婴幼儿首先需要用热能来维持生命的基本活动：维持体温、肌肉张力、各内脏的活动等体内基础代谢；其次用于生长发育：给身体各种活动提供能量、帮助消化食物、满足快速生长发育所需；另外还要用于宝宝的运动，爱哭爱动的宝宝消耗热量比较快，一般要比安静的宝宝高出2倍还多。

热量在体内的代谢过程，最终会以出汗或者排泄的形式来消耗完。因为婴幼儿的新陈代谢比较旺盛，所需热量多于成人。如果宝宝没有足够的热量，就会出现疲倦、活动少、食欲差、消瘦等不良情况。

热量的来源

首先，热量来源于食物中的产热营养素，主要由碳水化合物、脂肪、蛋白质来提供。它们经过氧化产生热量供身体维持生命、生长发育和运动。这三类营养素普遍存在于各种食物中。脂肪的热量相比来说较高，同等情况下，脂肪的热量高于碳水化合物、蛋白质两倍多。

粮食类、薯类食物是碳水化合物最经济的来源；奶油、黄油、植物油、沙拉等都是脂肪含量高的食品；肉类、蛋类主要由蛋白质、脂肪组成；大豆和硬果类同样富含油脂和蛋白质。

各种营养保持平衡

为了使宝宝的生长发育得到保证，父母给宝宝准备充分的热量是很重要的，但是父母也要注意合理供给。

当热量供给不足时，各种营养素在宝宝体内都失去了应有的功效，无法发挥作用，优先向热量转化。而当热量供给过量时，多余的热量会变成脂肪贮存在宝宝体内，久而久之会引起宝宝肥胖。

钙帮助构成骨骼和牙齿

人体含量最多的矿物质就是钙了，人体的大部分钙都存在于骨骼和牙齿里，它是构成骨骼和牙齿的主要成分。钙和磷相互作用使骨骼和牙齿得以健康，并参与我们体内的凝血过程，维持心肌的正常收缩，降低毛细血管、细胞膜的通透性及神经肌肉的兴奋性等生理功能。

人体中的钙被不断补充到骨骼中，也不断地被更新掉。对于婴幼儿时期的宝宝来说，骨骼成长快速，钙的更新自然也快于成人。因此这时，充足的钙源会起到非常重要的作用，它可以帮助宝宝的骨骼和牙齿结实、坚固，顺利地发育成长。如果宝宝在这时期缺少了钙，可能会有佝偻病、牙齿发育不良的情况出现。

钙的来源

除了人们熟知的鲜牛奶、酸奶、奶酪等奶制品含有丰富的钙，绿色蔬菜、豆制品以及添加了矿物质的果汁，也都是钙源。此外，还有海产品，如鱼、虾、海带、紫菜等，鸡蛋中也含有较高的钙。同时，多食用植物类的食物，可以减少通过肾流失的钙，从而保持骨骼中的钙。

除了依靠食物补充钙，给宝宝多晒太阳也是预防缺钙的好方法。因为阳光可以让宝宝的体内产生充足的维生素D，从而促进食物中的钙的吸收。

维生素D配合钙的吸收

有的父母很奇怪，一直给宝宝补钙，为何还是出现了缺钙的情况。事实上，单纯补钙，宝宝不一定就会吸收，这是因为钙要依靠维生素D来帮助促进吸收。维生素D存在于食物中的鱼子、鱼肝油、奶制品、蛋黄等食品中，更可通过晒太阳由皮肤安全地得到有活性的维生素D。所以父母在给宝宝补钙的时候，不要忽略了维生素D的补充。

 温馨提示

半岁以下的宝宝每天需要400毫克的钙，半岁至两岁的宝宝每天需要钙400毫克～600毫克。

几乎所有的食物都含磷

人体中磷的含量较多，除了钙，就是磷。和钙一样，磷同样是骨骼和牙齿的重要组成成分。同时，磷酸促进身体组织器官的修复，参与代谢过程，调节酸碱平衡，给身体提供能量与活力，是构成生命的重要物质。

磷的含量很广泛，几乎所有的食物都含磷，磷也很容易被人体吸收，一般人们不会出现磷缺乏的情况。

瘦肉、动物的肝肾、蛋、奶，有很高的含磷量，粗粮、虾皮、海带、紫菜、蔬菜、豆制品、芝麻酱、坚果等，含磷也比较丰富。但谷物粗粮中的磷为植酸磷，如果没有经过加工处理，则不容易被吸收和利用。

铁是造血原料

铁是人体必需的微量元素，我们全身都需要它，它是许多酶的重要成分，存在于红细胞中，向肌肉供给氧气。如今缺铁性贫血已成为世界卫生组织确认的四大营养缺乏症之一，我们应注意从婴幼儿时期开始补铁。

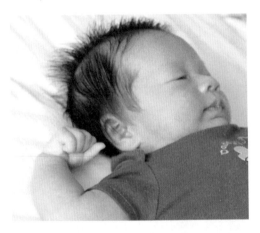

铁是造血原料之一，人体中大部分的铁都存在于血液中。它和蛋白质结合成血红蛋白，在血液中参与氧的运输。人体缺乏铁质，就会影响许多酶的正常功效，从而导致缺铁性贫血。

对于半岁以下的宝宝来说，体内存储有来自母体的铁，这些铁可以供宝宝3~4个月的身体所需。而且母乳虽然含铁量较少，但是有一种很容易被消化和吸收的铁质，足以满足身体所需。当宝宝到了半岁时，由于生长发育迅速，出生时体内有限的铁已经开始逐渐损耗了，如果父母没有在这时注意补充铁质，就有可能导致宝宝出现贫血情况。

铁的来源

在谷类、酵母、动物肝脏、蛋黄、绿色蔬菜、全麦面包中，都含有丰富的铁。相比来说，在动物性食物中，肝脏的含铁量最丰富，而动物性食物中的铁要比植物性的更容易吸收。

蛋类也含有很丰富的铁，但蛋类中的铁质很不容易被吸收，还会妨碍其他铁质的吸收。父母可以在喂宝宝吃鸡蛋时，加一杯番茄汁或柳橙汁，因为维生素C可以促进蛋类中铁质的吸收。

此外，父母可以在宝宝半岁后，选择添加加强铁质的麦片和奶粉、含铁的滴剂。牛奶中的铁质很少，对于只喝牛奶不吃其他食物的宝宝，很容易导致贫血。宝宝满周岁后，随着牛奶摄入量的逐渐减少，父母可适当增加含铁丰富的固体食物。菜花、甘蓝、瓜类、豆类中有很丰富的铁，能够满足宝宝的正常生长和发育。

一般来说，食物中的铁已经可以满足身体的要求，不需要再额外补充了。因为铁质过多会破坏维生素E，同样会造成贫血。

碘与宝宝智力

碘是人体健康所不能缺少的微量元素，大部分存在于甲状腺中。给宝宝添加固体食物过晚，或者1岁后含碘盐的食用量过少，都会造成宝宝缺碘。缺碘对于人体的影响是多方面的、严重的。一般来说，处于胎儿期的宝宝如果缺碘会导致甲状腺功能减退，出生后会出现新生儿甲状腺功能低下。智力损害的大部分原因都是由于缺碘所致。0～2岁是宝宝脑细胞发育的非常时期，这一时期宝宝体内的碘是否充足，直接影响着宝宝一生的智力水平。

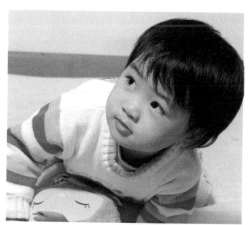

缺碘有一种对人类损害最为严重的病症，名为克汀病。一般发生在宝宝脑部迅速发育的时期。如果宝宝在出生之前，或出生后的一两年内，缺乏碘会引起甲状腺素不足，从而导致脑发育不全。表现为智力低下，听力、语言和运动有障碍，身材矮小，面容呆笨，骨骼和生殖系统发育有障碍，智商为50～69。如果不能及时诊断和治疗，错过一定的时机，将很难得以纠正和恢复。

然而，碘并不是越多越好，因为它对甲状腺肿有双向作用，碘缺乏或是过量都会对健康有危害。如果缺少，会引起低碘甲状腺肿，而过量则会引起高碘甲状腺肿，所以要注意合理给宝宝摄取碘。

碘的来源

我们身体所需要的碘来源还是很广泛的，空气、水都含有碘，当然最重要的摄取途径，还是要通过食物。

婴儿需要足够的碘，如果母亲的营养很丰富，那么通过母乳喂养宝宝，对于宝宝的碘需求也是可以满足的。添加了碘的婴儿奶粉，或其他富含碘的饮食，如海带、紫菜、鱼、虾等含碘量较高的海产类食物，都可以减少幼儿期缺碘引起甲状腺肿大、智力低下等问题。同时，父母在给宝宝烹饪时应用质量有保证的碘盐。

维生素A对生长发育的影响

在人体内，β-胡萝卜素转化成维生素A，它对于保持支气管内壁、肠道内壁、泌尿系统、眼睛各部位健康有着重要作用。

维生素A与宝宝的生长发育有着密切的关系，特别是它在体内可以促进蛋白质的生物合成和骨骼细胞的分化。而骨骼和牙齿中的象牙质、珐琅质都需要维生素A才可以正常发育。在宝宝身体生长发育的重要时期里，如果缺乏维生素A，会导致头盖骨发育不良，使脑部的发展空间受到限制。

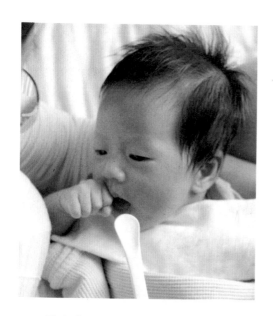

维生素A对牙齿也有影响，缺乏会导致出现齿龈增生、角化，影响牙釉质细胞发育，从而停止牙齿生长。此外，维生素A是促进大脑发育的物质，在婴幼儿时期补充足够的维生素A，可以加速核糖核酸的合成，而核糖核酸的数量足够时，便对宝宝的智力很有好处，避免出现智力低下等情形。

维生素A对免疫力的影响

几乎每一种感染或是感染性疾病，都与维生素A缺乏有关。实验证明，保持维生素A的充足，可在一定程度上预防感染。这是因为维生素A可以提供黏膜保护，在肺、鼻窦、胃或者类似口腔内膜的组织等身体各通道内侧覆盖。而这些黏膜的黏液中有一种酶，可以把病毒和病菌摧毁。而当维生素A不足时，便会使细菌在黏膜积存而无法被摧毁。

婴幼儿时期的宝宝，常会受到各种感染。缺乏维生素A，自然会使免疫力降低，削弱抵抗力，细菌便容易入侵，易出现反复咳嗽和感冒的症状，甚至引起支气管肺炎等疾病。因此父母要额外注意，给宝宝提供充足的维生素A。

维生素A对视力的影响

维生素A在人体内还有一个很重要的作用，即保护眼睛的健康、视力的正常。一个人在昏暗的光线下，如果维生素A充足，那么视网膜对黑暗的适应就比较快，眼睛看东西也比较清楚。反之，人在暗光下无法看清周围物体，这便是人们所说的夜盲症。如果严重缺乏维生素A，还会有失明的危险。这是因为视网膜上有一种感暗光物质，由维生素A转变而来。

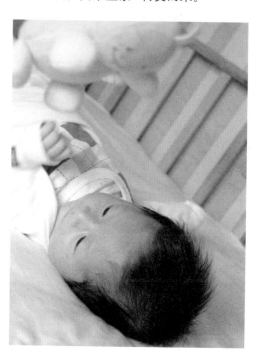

维生素A的来源

动物性食品中，肝、奶油、鱼卵、全脂乳酪、蛋黄含有丰富的维生素A；植物性食品中，绿色、黄色蔬菜、黄色水果是维生素A的主要来源。这些都可以提供给宝宝所需的维生素A。

同时，要保证有足够的脂肪，才能使维生素A得以吸收。因此如果父母给宝宝喝脱脂牛奶也会阻碍宝宝对维生素A的吸收。鱼肝油是维生素A的最佳来源，热量低且容易吸收，父母可以在宝宝吃完奶、排完气后，滴在宝宝嘴里。摄入过量的维生素A是有危险的，但多吃蔬菜不会有维生素A过量的风险。

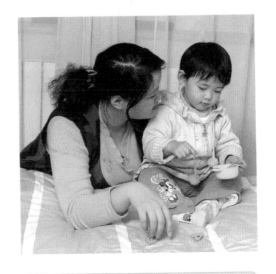

均衡B族维生素

B族维生素是一个拥有多个分支的族群，维生素B_1、维生素B_2、维生素B_5、维生素B_6、维生素B_{12}，以及烟酸、泛酸、叶酸等都属于B族维生素。

它们每一项都对人体非常重要，主要参与人体的消化吸收和神经传导，有助于产生能量，并帮助身体中的每个细胞生成、酶系统运作；而脂肪、碳水化合物、蛋白质在体内的作用也都需要B族维生素的支持。同时，B族维生素还有助于形成脑细胞，可调节脑神经功能，预防精神障碍，如果孕妇缺乏B族维生素则容易导致宝宝智能障碍。

B族维生素中的各成员在人体中是相互协作、相辅相成、共同发挥功效的。所以，同时摄取全部的B族维生素的效果要比分别摄取好。此外，如果维生素B_1、维生素B_2、维生素B_6摄取比例不均，便会造成失衡，不能起到应有的效果。

由于B族维生素都是水溶性的，不能在体内长久存储，多余部分会随尿液排出体外，因此父母应每天从食物中给宝宝补充，以维持健康。同时由于维生素B$_1$、维生素B$_2$、维生素B$_6$容易氧化，所以在加工含有B族维生素的食物时，尽量采用焖、蒸、做馅等方式加工。

温馨提示

婴幼儿缺少维生素B$_1$严重时会引起湿性脚气病，出现呕吐、腹痛、烦躁不安、心跳过速、呼吸急促，甚至心博骤停的现象。

B族维生素的来源

妈妈肠道内的有益细菌，会促进母乳中含有丰富的B族维生素，继而带给宝宝。所以母乳喂养的宝宝可以很好地摄取到B族维生素，宝宝在6个月后，父母就应循序渐进地给宝宝添加富含B族维生素的食物了。

自然食物是B族维生素最好的来源，酵母、动物肝脏、酸乳酪、小麦胚芽、粗粮都含有丰富的B族维生素。其中B族维生素含量最高的食物是酵母，父母可以用酵母做馒头，给宝宝适量食用。小麦胚芽的B族维生素含量也很丰富，父母可以把它加在麦片和牛奶中，但在加热过程中B族维生素会略有流失。酸乳酪有助于在宝宝体内制造B族维生素，父母也可以选择给宝宝食用。

叶酸能促进神经细胞和脑细胞发育

叶酸是B族维生素的一种，它可以促进婴幼儿时期的宝宝神经细胞和脑细胞的发育。父母在宝宝3岁以下时就添加含有叶酸的食物，对提高宝宝智力有一定帮助。同时，叶酸还可以促进骨髓中幼稚细胞的成熟，如果宝宝在生长骨骼的时期缺乏叶酸会使骨骼异常。

叶酸还有一个主要功能是造血，对制造脱氧核糖核酸和血红蛋白很重要。宝宝因缺乏叶酸会引起巨幼红细胞性贫血，这种贫血情况并不少见。

叶酸的来源

叶酸广泛地存在于新鲜的绿色蔬菜菜叶和水果中，因此对于成人来说，并不会出现缺乏情况。但对于食谱简单的宝宝来说，缺乏叶酸情况时有存在，父母要注意给宝宝适当添加，以适应身体生长发育的需要。

芹菜、菜花、土豆、萝卜、芦笋、蘑菇、莴苣等蔬菜，梨、柑橘、香蕉、柠檬等水果，均含有丰富的叶酸。除了蔬菜、水果，动物肝脏肾脏、蛋类、鱼类也是叶酸含量丰富的食物，酵母、坚果类、大豆类也含有较高的叶酸。要注意的是，蔬菜在烹调时，一半的叶酸都会损失掉。因此，父母在给宝宝烹调绿叶蔬菜时，尽量不要时间太长，应用急火快炒。

维生素C帮助身体发育

维生素C在人体内可以保护酶的活性，改善铁、钙的吸收、叶酸的利用率，改善脂肪、胆固醇等细胞的正常代谢。对于生长发育迅速的婴幼儿，在骨骼、牙齿发育、免疫力增强方面有着很大的帮助。

维生素C对骨骼、牙齿、血管以及其他组织的代谢方面的帮助，表现在它可以促进牙齿、骨骼的生长，增强免疫力，有利于伤口快速愈合。对于母乳喂养的宝宝来说，一般不会出现缺乏维生素C的问题，因为母乳含有足够的维生素。但对于只喝牛奶的宝宝，体内维生素C含量低，如果没有适当补充，会使骨骼中的软骨组织和牙齿发育停顿，铁质不能正常吸收。同时，缺少维生素C，对于宝宝的脑功能发育也有影响，充足的维生素C能使儿童脑功能敏锐。

如果宝宝缺乏维生素C，最常患的疾病就是感冒。因为充足的维生素C可增强宝宝的机体抵抗力，父母应注意给宝宝适量添加，减少宝宝感冒等疾病的发生。同时，维生素C有解毒功能，可以消除过敏原的毒性，充足的维生素C能够避免宝宝出现过敏症状。维生素C还可以促进肠内有益细菌的生长，从而减少身体对B族维生素的需要。

维生素C的来源

我们身边有很多含有丰富维生素C的食物，但它只存在新鲜的蔬菜和水果中，且很容易流失。

韭菜、菠菜、青椒、菜花、卷心菜、番茄等蔬菜，橘子、柠檬、红果、柚子、枣、猕猴桃等水果都含有丰富的维生素C。

但这些维生素C除了在酸性环境中比较稳定之外，对碱、热、氧化、光照都很敏感，这些条件会使维生素C的活性降低，结构有所破坏。因此，父母在加工食物时，不要把食物切得太细，避免加热时间过长，尽量选择蒸的方法，可以生吃的食品尽量生吃。在保存时不要暴晒。

维生素C的适量摄取

维生素C水溶性强，在体内不易贮存，会很快随尿液排出体外，所以父母应该每天都给宝宝补充一些。

如果选择合成维生素C补充品，父母应注意不能让宝宝摄取过多，如果摄入过多，容易使宝宝产生骨骼疾病。维生素C不能被身体吸收，还会引起腹泻、恶心、痉挛等症状。长期大量摄取，还会形成依赖性。

维生素D能强壮骨骼

维生素D在体内最重要的作用就是提高机体对钙、磷的吸收，促进骨骼、软骨及牙齿的正常矿物化，使之不断更新，维持骨骼和牙齿的正常生长。

在宝宝骨骼生长的关键时期，对维生素D的需求也比较大。只有维生素D充足，钙才能在人体中正常地被吸收与利用，使骨骼、牙齿正常发育。充足的维生素D还能把过量的磷排出。母乳中维生素D的含量不高，父母可以给宝宝专门添加鱼肝油。

缺乏维生素D的宝宝，造成钙和磷吸收的减少，血钙水平下降，妨碍骨骼的矿化，在3～6个月之前有发生骨质软化、变形、软骨症的可能。还会出现佝偻病，因而维生素D又称为抗佝偻病维生素。

晒太阳是最好的维生素D来源

在阳光的作用下，人体皮下组织有一种胆固醇，可以经紫外线照射生成维生素D，然后存储在体内。这也是维生素D最可靠的来源，不会有过量的风险。

如果不能保证晒到阳光，或者身处阳光不充足的地域，父母可以选择给宝宝添加一些含有维生素D的食品。但是富含维生素D的食物种类并不多。相对来说，一些脂肪含量较多的鱼、动物肝脏、蛋黄、奶油中含有比较多的维生素D。而肉类和牛奶中含量很少。但如今一些婴儿配方奶粉中也添加了维生素D，鱼肝油也有浓缩的维生素D，都是不错的选择。

维生素D过量的危险

维生素D过量会使宝宝出现虚弱、恶心、呕吐、腹泻、抽搐、低热、顽固性便秘、体重减轻的情况。严重时还会导致永久性心脏受损、智力发育迟缓。所以父母要注意适量给宝宝摄取。

维生素E保护智力，保护早产儿

抗氧化功能是维生素E最主要的功能。同样，对于婴幼儿时期的宝宝来说，维生素E最重要的生理功能是，它可以减少身体对氧气的需要量，保护维生素A、β－胡萝卜素、肾上腺、性腺等激素不被氧气破坏。它在体内可以保护细胞不受自由基的损伤。缺少维生素E会导致皮肤粗糙干燥、生长发育迟缓。此外，维生素E还可以维持机体的免疫功能，提高机体对钙、磷的吸收，促进宝宝骨骼钙化、牙齿健全。

充足的维生素E可以保护血中红细胞膜的完整，避免宝宝脑部缺氧，出现智力发育迟缓的现象。同时可以促进脑细胞增生、保持脑细胞的活力。对于早产儿来说，充足的维生素E可以通过保护红细胞膜的完整性，而避免早产儿发生溶血性贫血。

维生素E的来源

母乳中维生素E的含量要大大高于牛奶，所以人工喂养的父母要注意给宝宝添加维生素E。

维生素E一般存在于油料作物的种子及植物油中，如麦胚油、棉籽油、玉米油、花生油、芝麻油等，其中小麦胚芽油是最丰富的来源。绿色蔬菜、肉、蛋、奶也含有少量的维生素E。父母还可以给宝宝喂富含天然维生素E的滴剂和鱼肝油，当宝宝能够咀嚼时，可以给宝宝服用维生素E咀嚼片。在摄取时，可以与含有脂肪的食物一起吃，便于有效吸收。

宝宝辅食添加常识

什么是辅食

辅食又称为离乳食品、断奶食品或转奶期食品，是指由单纯母乳或配方奶喂养过渡到成人饮食这一阶段内所添加的食品，并不是指让宝宝完全断掉奶以后所吃的食物。宝宝辅食包括流质、半流质、泥糊状、半固体、固体等一系列不同性状的食物，种类包括水果、蔬菜、谷物、肉类等，它们能训练宝宝的咀嚼、吞咽功能，满足宝宝对热能和各种营养素的需求。

为什么要给宝宝添加辅食

补充宝宝生长所需的营养素。母乳虽是宝宝最佳的天然食品，宝宝6个月以后，母乳已经不能完全满足宝宝的营养需求，此时就需要通过添加各种辅食来补充。

锻炼咀嚼、吞咽能力，为独立吃饭做准备。辅食一般为半流质或固态食物，宝宝在吃的过程中能锻炼咀嚼、吞咽能力。宝宝的饮食逐渐从单一的奶类过渡到多样化的饮食，可为断奶做好准备。

有利于宝宝的语言发展。宝宝在咀嚼、吞咽辅食的同时，还能充分锻炼口周、舌部小肌肉。宝宝有足够的力量自如运用口周肌肉和舌头，对其今后准确地模仿发音、发展语言能力有着重要意义。

帮助宝宝养成良好的生活习惯。从4个月起，宝宝逐渐形成固定的饮食、睡眠等各种生活习惯。因此，在这一阶段及时科学地添加辅食，有利于宝宝建立良好的生活习惯，使宝宝终身受益。

开启宝宝的智力。研究表明，利用宝宝眼、耳、鼻、舌、身的视、听、嗅、味、触等感觉给予宝宝多种刺激，可以丰富他的经验，达到启迪智力的目的。添加辅食恰恰可以调动宝宝的多种感觉器官，达到启智的目的。

添加辅食的顺序

给宝宝添加辅食，应先单一食物后混合食物，先流质食物后固体食物，先谷类、水果、蔬菜，后鱼、肉。千万不能在刚开始添加辅食时，就给宝宝吃鱼、肉等不容易消化的食物。要按不同月龄，添加适宜的辅食品种。下表列出了推荐添加辅食的顺序及其供给的营养素。

婴儿辅助食品添加时间表

月龄	添加的辅食品种	供给的营养素
2～3	鱼肝油（户外活动）	维生素A、维生素D
4～6	米粉糊、麦粉糊、粥等淀粉类	能量（训练吞咽能力）
	蛋黄、无刺鱼泥、动物血、肝泥、奶类、大豆蛋白粉或豆腐花或嫩豆腐	蛋白质、铁、锌、钙、B族维生素
	叶菜汁（先）、果汁（后）、叶菜泥、水果泥	维生素C、矿物质、纤维素
	鱼肝油（户外活动）	维生素A、维生素D
7～9	稀粥、烂饭、饼干、面包	能量（训练咀嚼能力）
	无刺鱼、鸡蛋、肝泥、动物血、碎肉末、较大月龄婴儿奶粉或全脂牛奶、大豆制品	蛋白质、铁、锌、钙、B族维生素
	蔬菜泥、水果泥	维生素C、矿物质、纤维素
	鱼肝油（户外活动）	维生素A、维生素D
10～12	稀粥、烂饭、饼干、面条、面包、馒头等	能量
	无刺鱼、鸡蛋、肝泥、动物血、碎肉末、较大月龄婴儿粉或全脂牛奶、黄豆制品	蛋白质、铁、锌、钙、B族维生素
	鱼肝油（户外活动）	维生素A、维生素D

如何掌握开始添加辅食的时间

一般来说，宝宝在6个月时就可以开始添加辅食。但是6个月只是个大概的时间段，添加辅食的早晚，应根据宝宝是否母乳喂养和妈妈的身体情况来决定。

体重

体重是添加辅食的一个参考指标。当宝宝的体重已经达到出生时体重的2倍时，就可以考虑添加辅食了。例如，出生时体重为3.5千克的宝宝，当其体重达到7千克时，就应该添加辅食了。如果出生体重较轻，在2.5千克以下，则应在体重达到6千克以后再开始添加。

奶量

如果每天喂奶的次数多达8~10次，或吃配方奶的宝宝每天的吃奶量超过1000毫升，则需要添加辅食。

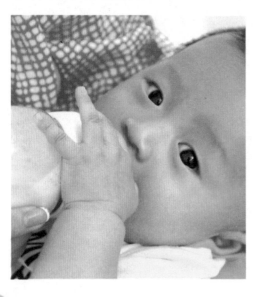

发育情况

体格发育方面，宝宝能扶着坐，俯卧时能抬头、挺胸、用两肘支持身体重量；在感觉发育方面，宝宝开始有目的地将手或玩具放入口内来探索物体的形状及质地。这些情况表明宝宝已经有接受辅食的能力了。

特殊动作

匙触及口唇时，宝宝表现出吸吮动作，并将食物向后送、吞咽下去。当宝宝触及食物或触及喂食者的手时，露出笑容并张口。

给宝宝添加辅食的四个禁忌

忌过早

有些妈妈认识到辅食的重要性，认为越早添加辅食越好，可防止宝宝营养缺失。于是宝宝刚刚两三个月就开始添加辅食。殊不知，过早添加辅食会增加宝宝消化功能的负担。因为婴儿的消化器官很娇嫩，消化腺不发达，分泌功能差，许多消化酶尚未形成，不具备消化辅食的功能。消化不了的辅食会滞留在腹中"发酵"，造成宝宝腹胀、便秘、厌食，也可能因为肠蠕动增加，使大便量和次数增加，从而导致腹泻。因此，6个月以内的宝宝要视具体情况再添加辅食。

忌过晚

过晚添加辅食也不利于宝宝的生长发育。6个月以后的宝宝对营养、能量的需要大大增加了，光吃母乳或牛奶、奶粉已不能满足其生长发育的需要。而且，宝宝的消化器官逐渐健全，味觉器官也发育了，已具备添加辅食的条件。同时，6个月后是宝宝的咀嚼、吞咽功能以及味觉发育的关键时期，延迟添加辅食，会使宝宝的咀嚼功能发育迟缓或咀嚼功能低下。另外，此时宝宝从母体中获得的免疫力已基本消耗殆尽，而自身的抵抗力正需要通过增加营养来产生，若不及时添加辅食，宝宝不仅生长发育会受到影响，还会因缺乏抵抗力而导致疾病。

忌过滥

宝宝开始进食辅食后，妈妈不要操之过急，不顾食物的种类和量，任意给宝宝添加，或者宝宝要吃什么给什么，想吃多少给多少。因为宝宝的消化器官毕竟还很柔嫩，有些食物根本消化不了。顺其发展，一来会造成宝宝消化不良，再者会造成营养不平衡，并养成宝宝偏食、挑食等不良饮食习惯。

忌过细

有些妈妈担心宝宝的消化能力弱，给宝宝吃的都是精细的辅食。这会使宝宝的咀嚼功能得不到应有的训练，不利于其牙齿的萌出和萌出后牙齿的排列；另外，食物未经咀嚼也不会产生味觉，既不利于味觉的发育，也难以勾起宝宝的食欲，面颊发育同样受影响。长期下去，不但影响宝宝的生长发育，还会影响宝宝的容貌。

别过早在辅食中加盐和调味品

很多妈妈给宝宝做肉泥、菜泥等辅食时，习惯按照自己的口味给宝宝加点盐和调味品，觉得这样的食物很有味道，宝宝爱吃。其实，这是一种非常错误的做法。

因为宝宝的肾脏发育还不健全，如果辅食中的盐过多，会加重宝宝肾脏的负担。我国居民高血压高发与饮食中食盐的摄入量有关，如果从婴儿期就习惯吃较咸的食品，长大后的饮食也会偏咸，长期下去，患高血压的概率会大大增加。另外，婴儿的味觉正处于发育过程中，对调味品的刺激比较敏感，宝宝常吃加调味品的食物，易挑食或厌食。所以1岁以前的宝宝辅食中不要加盐和调味品。

根据宝宝的营养需求添加辅食

婴儿虽小，对营养素的需求却非常大，且婴儿越小，对营养素的需求越大。同时，由于婴儿体内营养素的储备量相对较小，一旦某种营养素摄入不足，短时间内就可明显影响婴儿的发育进程。所以妈妈在添加辅食的时候，一定要根据宝宝的营养需求，及时适量地给宝宝补充营养。

一般来说，添加米粉或麦粉可提供热量，而选择含有黄豆粉或奶粉的奶米粉、奶麦粉、豆麦粉、豆米粉等，在补充热量的同时还补充了蛋白质。动物肝脏、血是补充铁及蛋白质的最佳选择，这类食物中蛋白质含量高，铁质丰富且吸收率高。鱼、肉、大豆制品可以补充蛋白质，鱼类的纤维细、短嫩，容易消化，适合于刚开始添加荤菜的小宝宝；猪肉、牛肉、羊肉的纤维长、粗，但含有更多的铁、锌等微量营养素，适合于月龄稍大的宝宝。

根据宝宝的消化能力添加辅食

宝宝出生时，其胃肠道功能还不完善，各种消化酶的分泌明显不足，无法完全消化、吸收乳类食品以外的食物。例如，宝宝唾液淀粉酶水平在3个月时才达到成人的1/3，而胰淀粉酶要到6个月以后才开始分泌，因此他们消化淀粉的能力差。宝宝对蛋白质、脂肪、维生素、矿物质等营养素的消化能力也是随着生长逐步成熟的，过早地添加辅食反而有害，如某些蛋白质通过肠壁进入体内成为抗原，会诱发过敏反应。此外，肠黏膜对营养素的吸收能力、对有害物质的阻断作用也要随着宝宝生长进一步完善。因此，添加辅食时，应根据宝宝的消化能力，先添加谷类食品，然后加水果、蔬菜，最后加肉类食品。

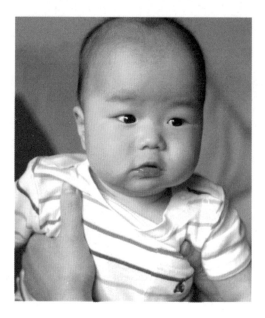

根据宝宝的发育水平添加辅食

不同月龄的宝宝，其咀嚼、吞咽的能力不同。一般来说，4～5个月的宝宝只能添加半流质状的、细腻嫩滑的辅食，如米粉糊、水果泥、菜泥等，其主要目的是让宝宝习惯用勺进食。6～9个月宝宝的辅食可以稠厚一些，如肝泥、肝粉、面条、饼干、肉末、碎菜等，以训练宝宝的咀嚼和吞咽能力。10个月以上的宝宝，辅食以半固体、固体为主，如软饭、面包、馒头、碎肉、菜等，以便宝宝能获得足够的热量和各种营养素，并逐渐向成人饮食过渡。

宝宝生病时最好不要加辅食

婴幼儿在感冒发热或腹泻生病期间，身体处在高致敏状态，抵抗力低下，若这时再为宝宝加辅食，就会加重胃肠道负担，导致身体过敏或引发胃肠道疾病。1岁内的婴幼儿增加辅食应在身体状况良好的情况下进行，循序渐进，不能着急。新添加一种食物时，应严密观察宝宝有无不适或身体过敏的现象，如有上述症状，应停止喂食这种辅食。宝宝若出现严重休克、荨麻疹等过敏症状，应及时送医院抢救治疗。

添加辅食注意事项

给宝宝添加辅食除应遵守上述原则外，还应注意以下事项：

遇到宝宝不适要立刻停止

宝宝吃了新添的食品后，如出现腹泻，或便里有较多黏液的情况，要立即暂停添加该食品。在宝宝生病身体不适时，也应停止添加辅食，等宝宝恢复正常后再重新少量添加。

吃流质或泥状食品的时间不宜过长

不能长时间给宝宝吃流质或泥状的食品，这样会使宝宝错过训练咀嚼能力的关键期，可能导致宝宝在咀嚼食物方面产生障碍。

不可很快让辅食替代乳类

添加辅食后，宝宝的主要食品应该以母乳或配方奶粉为主，其他食品只是作为一种补充食品。

添加的辅食要鲜嫩、卫生、口味好

给宝宝制作食物时，不要只注重营养而忽视了口味，这样不仅会影响宝宝的味觉发育，为日后挑食埋下隐患，还可能使宝宝对辅食产生排斥，影响营养的摄取。

培养宝宝进食的愉快心理

给宝宝喂辅食时，首先要营造一个快乐和谐的进食环境，最好选在宝宝心情愉快和清醒的时候喂食。宝宝表示不愿吃时，千万不可强迫宝宝进食。

宝宝辅食的基本要求

食物品种多样化

不同种类的辅食所提供的营养素不同，当宝宝已经习惯了多种食品后，每天给宝宝的辅食品种就应多样化。例如，当宝宝已经习惯了粥和面条之后，两者可以交替吃；宝宝已经习惯了肝泥、鱼泥、豆腐、蛋之后，上述食物可以轮流吃。让宝宝吃多种辅食，可以达到平衡膳食的目的，不致造成某种营养素的缺乏。

食物形状多样化

宝宝每天的食物中应有流质（如果汁）、半固体（如小馒头、稠粥、烂饭）等多种质地的辅食，既可增进宝宝的食欲，也能让他适应不同烹调方法和质地的食品。

色、香、味俱全

宝宝的视觉、嗅觉已经充分发育，颜色鲜艳而又有香味的辅食能提高宝宝的食欲。例如，胡萝卜与青菜泥、虾仁蓉与菜泥放在一起，黄色的蛋羹上加些绿色的菜泥，既好吃又好看。宝宝的辅食味道宜淡，不能以成人的口味为标准。

食用辅食的餐具

餐具

给宝宝添加辅食前，需准备一套儿童餐具。儿童餐具有可爱的图案、鲜艳的颜色，可以促进宝宝的食欲。

匙

给宝宝喂加辅食时，一定要用匙，而不能将辅食放在奶瓶中让宝宝吸吮。添加辅食的一个目的是训练宝宝的咀嚼、吞咽能力，为断奶做准备，如果将米粉等辅食放在奶瓶中让宝宝吸吮则达不到这个目的。刚开始添加辅食时，应每次只在匙内放少量食物，让宝宝可以一口吃下。由于母乳和配方奶中的营养成分完全能满足6个月以下宝宝的营养需求，因此刚开始添加辅食时，不要太关注宝宝吃进辅食的多少。

碗

大碗盛满食物会使宝宝产生压迫感，影响食欲，因此，应选择小碗；尖锐易破的餐具也不宜选用，以免发生意外。

掌握辅食的制作要点

辅食关系着宝宝的营养和健康，为此，在为宝宝准备辅食时，需掌握以下要点：

清洁

准备辅食所用的案板、锅铲、碗勺等用具应当用清洁剂洗净，充分漂洗，用沸水或消毒柜消毒后再用。最好能为宝宝单独准备一套烹饪用具，以避免交叉污染。

选择优质的原料

制作辅食的原料最好是没有化学物污染的绿色食品，尽可能新鲜，并仔细选择和清洗。

单独制作

宝宝的辅食一般都要求细烂、清淡，所以不要将宝宝辅食与成人食品混在一起制作。

用合适的烹饪方法

制作宝宝辅食时，应避免长时间烧煮、油炸、烧烤，以减少营养素的流失。应根据宝宝的咀嚼和吞咽能力及时调整食物的质地，食物的调味也要根据宝宝的需要来调整，不能以成人的喜好来决定。

现做现吃

隔顿食物的味道和营养都大打折扣，且容易被细菌污染，因此不要让宝宝吃上顿吃剩的食物。为了方便，在准备生的原料（如肉糜、碎菜等）时，可以一次多准备些，然后根据宝宝每次的食量，用保鲜膜分开包装后放入冰箱保存。但是，这样保存食品的时间也不应超过3天。

给宝宝添加辅食要有耐心

对于一个习惯吃奶的宝宝来说，从流质食物逐渐过渡到稀糊状、糊状、半固体、固体食物，从单一的味道到甜、酸、咸；从乳头、奶瓶喂养到使用勺子、筷子自己进食，是一个需要逐步学习、逐渐适应的过程，需要半年或更长的时间。

给宝宝添加辅食需要妈妈的耐心和细心。据研究，一种新的食物往往要经过15～20次的接触之后，才能被宝宝接受。而且，宝宝接受某种半固体食物的时间还有个体差异，短的为一两天，长的要7天左右。因此，当宝宝拒绝新食物，或对新的食物吃吃吐吐时，妈妈不能采用强迫的手段，以免使宝宝对这种食物产生反感，也不要认为宝宝不喜欢这种食物而放弃添加，应该变换做法，在宝宝情绪比较好的时候反复地尝试。如果宝宝性格比较温和、吃东西速度比较慢，也千万不要责备和催促，以免引起他对进餐的厌恶。

水果的选择和清洗

选择当地新鲜的水果

给宝宝吃的水果最好是供应期比较长的当地时令水果，如苹果、橘子、香蕉、西瓜等。水果长期存放后维生素含量会明显降低，而腐烂、变质的水果更是有害人体健康，因此一定要为宝宝选择新鲜的水果。

制作果汁、果泥前，要将水果清洗干净

苹果、梨、柑橘等应先洗净，浸泡15分钟（尽可能去除农药），用沸水烫30秒后去掉水果皮。切开食用的水果（如西瓜），也应将外皮用清水洗净后，再用清洁的水果刀切开，切勿用切生菜的菜刀，以免被细菌污染。小水果（如草莓、葡萄、杨梅等）皮薄或无皮，果质娇嫩，应该先洗净，用清水浸泡15分钟。

蔬菜的挑选和清洗

最好选择新鲜蔬菜

给宝宝吃的蔬菜最好选择无公害的新鲜蔬菜。如果没有条件用这样的蔬菜，应尽可能挑选新鲜、病虫害少的蔬菜，千万不要购买有浓烈农药味或不新鲜的蔬菜。

蔬菜买回来后应该仔细清洗

为避免有毒化学物质、细菌、寄生虫的危害，买回来的蔬菜应先用清水冲洗蔬菜表层的脏物，适当除去表面的叶片，然后将清洗过的蔬菜用清水浸泡半小时到1小时，最后再用流水彻底冲洗干净。根茎类和瓜果类的蔬菜（如胡萝卜、土豆、冬瓜等）去皮后也应再用清水冲洗。还可以把蔬菜先用开水焯一下，然后再炒。

第二章
0~3岁宝宝的成长与营养方案

一声啼哭，响彻整个房间的同时，也在我们心中绽开了幸福的花朵。初为人父母，也许你们还有些不适应，不知道怎样呵护他。没关系，无私的爱心会让你们很快成为称职的父母。让我们一同认识宝宝，呵护宝宝，分享拥有新生命的喜悦。

出生至7天

新生宝宝的样子

外貌 宝宝出生了，看起来脸部浮肿，尤其是眼睑处。肌肤红润有弹性，有着响亮的哭声，手脚活动自如。刚出生的宝宝眼睛能够看得见，但看东西最合适的距离一般为20厘米左右，相当于妈妈在哺喂新生儿时，妈妈与新生儿脸间的距离。

脑袋 宝宝诞生时，头呈椭圆形，头围为33厘米～35厘米，如果过大或是过小，父母要在医院给宝宝做进一步检查，排除脑积水、小头畸形等异常情况。刚出

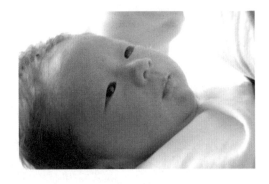

生的宝宝，头顶有一片柔软无骨的区域，为囟门，是头骨间形成的缝隙，有利于在通过产道时改变形状。大约会到2个月时变大，到9～18个月关闭。

体重 根据宝宝的不同体重可以分为三类：正常体重儿、低体重儿、巨大儿。正常体重儿的体重为2500克～4000克。低于标准的为低体重儿，高于标准的为巨大儿。体重虽然是衡量健康的标准，但不是唯一标准。在宝宝出生后3～5天内，体重会下降5%～10%。这是因为宝宝出生后要排泄粪便和小便，还会呕吐一些在出生过程中吸入的羊水，身体内的水分也会随肺呼吸、皮肤散发一些。

身长 不管是男宝宝还是女宝宝，只要是正常足月出生，诞生时一般身长为47厘米～52厘米。头部高度占身长的1/4。

体温　宝宝刚出生时体温与母亲相同，之后为36.0℃～37.4℃。

胎记　刚出生的宝宝，后背或腰部一般会有青色的胎记，脖子前面、眼睑、鼻子旁边处有形状不规则的小红痣，以及鼻子下面由于汗腺扩张形成的痱子，这些都会随年龄增长逐渐消失，父母不用担心。

宝宝在干什么

睡眠　营养充足的宝宝在出生后的一周里，多数时间处于睡眠状态，有时会睁开眼睛，但不多久又会睡着了。

呼吸　新生儿的肺容量较小，但新陈代谢所需要的氧气量并不低，故只能以加快每分钟呼吸的次数来满足需要。正常新生儿每分钟呼吸35～45次。由于新生儿呼吸中枢不健全，常伴有呼吸深浅、速度快慢不等的现象，表现为呼吸浅快、不匀，这也是正常的表现。

排泄　新生儿一般在24小时内排尿，但也有48小时后排尿的正常宝宝。在宝宝的尿液中，会有砖红色，是因为含有尿酸盐的原因。大便一般也在24小时内排泄，呈墨绿色、黑色稠糊状，3～4天后，大便正常。

黄疸　近乎一半的宝宝在出生第三天后，皮肤有黄染，出现黄疸状况。这是因为宝宝在妈妈腹中时，氧气并不丰富，因而血液中的红细胞数较多。出生后，氧气突然增多，那些红细胞没有了用处，便在体内自行破坏。代谢过程中转化成胆红素，引起黄疸，一般在一周左右就可以消退。

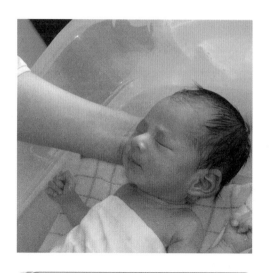

新生宝宝的个性

宝宝在出生的第1周时，就可以体现出不同的个性。有的宝宝很爱哭，不管是饿不饿、舒服不舒服，都会大而响亮地啼哭，有的宝宝则很安静，不怎么哭；有的宝宝排泄间隔长、次数固定，有的则间隔短、次数不固定；有的宝宝吃奶时断断续续，有的宝宝会一气儿吃饱……但这只是宝宝个体差异，只要生长发育正常，父母都不用太在意。

母乳是最好的营养选择

经过了宝宝诞生时的欣喜，爸爸妈妈要把注意力放在喂养这个嗷嗷待哺的小家伙上了。不管推销员们如何夸夸其谈奶粉的好处，父母也要清醒地意识到，母乳是宝宝最好的选择。

刚刚出生不到1周的宝宝，消化能力、吸收能力都不是很强，母乳最适合宝宝消化和吸收，而且健康的母乳营养价值高于任何奶粉，它含有宝宝生长发育所需的各种营养素，能够让宝宝骨骼发育更好，活泼开朗、健康可爱。同时母乳含有免疫球蛋白，能够增强身体抵抗力，母乳中溶菌酶高，巨噬细胞多，可以直接杀灭宝宝肠道内的有害菌。母乳中的乳糖有助于乳酸杆菌、双歧杆菌生长。母乳中乳铁蛋白含量也多，能够有效地抑制大肠杆菌的生长和活性，保护肠黏膜，使黏膜免受细菌侵犯，增强胃肠道的抵抗力。母乳喂养的宝宝很少发生过敏，喝牛奶的宝宝发生过敏的概率较高。相对母亲来说，母乳喂养也更方便，可以随时喂给宝宝，还能增进和宝宝之间的感情。

母乳中的蛋白质，其乳蛋白、酪蛋白的比例最适合新生宝宝的需要，可以帮助氨基酸完全代谢；母乳中的钙质丰富，有利于宝宝骨骼的发育；母乳中的铁和牛奶中的含量近乎相同，但要比牛奶中的铁易于吸收；母乳中丰富的不饱和脂肪酸、糖类易于宝宝吸收，适宜的钙和磷有利于宝宝骨骼的健康成长；母乳中丰富的半胱氨酸和氨基牛磺酸，有利于宝宝智力和身体的生长发育。

母乳能增强宝宝的抗病能力，初乳和过渡乳中含有丰富的分泌型免疫球蛋白A，能增强宝宝呼吸道抵抗力。

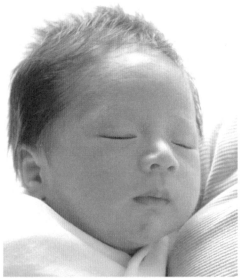

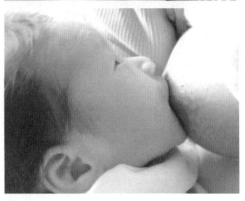

 温馨提示

在妈妈疲劳时，尤其哺喂未满3个月的宝宝时，妈妈最好不要选择卧位哺乳。因为当宝宝吃奶时，也许妈妈会不小心睡着，从而使乳房压住宝宝的鼻口，发生窒息危险。

初乳必不可少

根据产后不同时期，一般常把母乳分为初乳、过渡乳和成熟乳。初乳是指妈妈在生下宝宝后7日内分泌的乳汁。产后8～15日的母乳称为过渡乳，产后15日以后的母乳为成熟乳。初乳含有丰富的蛋白质和丰富的抗体，但脂肪和糖类并不多，对于新出生的宝宝来说，初乳是必不可少的。

初乳的成分与成熟乳显著不同，其外观颜色较淡，比较稀薄，全脂肪及乳糖较少，但含有较多的蛋白质，特别是富含有免疫作用的球蛋白及乳铁蛋白。据测定，每升初乳含蛋白质23克，比成熟乳约高1倍，而分泌型免疫球蛋白A比成熟乳高达10倍之多。球蛋白可以使宝宝的呼吸道、胃肠道增加抵抗力，乳铁蛋白还能够杀菌。当宝宝吸入初乳，这些物质可吸附在肠黏膜表面，形成一层保护膜，从而阻止病原菌的侵入。因此，喂养初乳可增强宝宝抵抗感染的能力。

初乳中还含有白细胞，有吞噬细菌的作用。宝宝出生后，自身缺乏免疫力，初乳能提供较丰富的抗体和免疫物质，起到天然的屏障保护作用，防止了宝宝感染性疾病的发生。所以吃母乳的宝宝较少患

腹泻、感染性疾病。初乳还具有缓泻作用及溶蛋白的效用，有利于排除黏稠的胎便，能防止宝宝胎便性肠梗阻。

即使妈妈没有丰富的奶水，也会有初乳。妈妈应在宝宝出生半个小时后，就给宝宝喂初乳，坚持一周。初乳是母体为宝宝提供的非常宝贵的营养物质，有人却认为初乳很脏，将其挤出不喂。建议妈妈要珍惜它，让宝宝尽早地、充分地吸吮初乳。

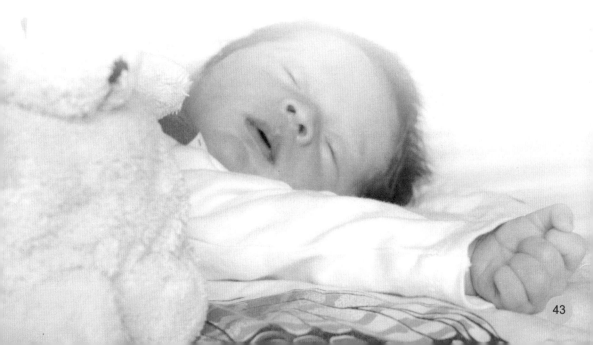

宝宝必需的营养物质

在通过母乳或人工喂养后，父母要注意提供一些对宝宝有益的营养物质：

热能 宝宝出生后的第1周，每日每千克体重需60千卡～80千卡热能。

蛋白质 新生儿每日每千克体重需2克～3克蛋白质。

脂肪 新生儿每天需要脂肪量占总热量的45%～50%。母乳中不饱和脂肪酸占51%，其中的75%可被吸收。

糖 新生儿每天需糖（碳水化合物）12克／千克体重。

乳糖 母乳中的糖为乳糖。乳糖对宝宝有很多好处，不同于其他添加在配方奶粉中的蔗糖，乳糖能够给宝宝提供能量、合成B族维生素、促进宝宝肠内有益菌的繁殖、转换为乳酸促进矿物质的吸收，而且乳糖不会导致宝宝肥胖。

乳酸菌 乳酸菌利于肠道有益菌的繁殖，父母可以给不食用母乳的宝宝适量添加乳酸菌制剂。

维生素C 人工喂养的宝宝，如果没有补充足够的维生素C，会使体内铁质无法正常吸收，骨骼、牙齿发育迟缓，容易过敏。父母可以给宝宝每天补充一点。

铁质 母乳喂养的宝宝在前4个月内，身体会有充足的铁，但是喝牛奶的宝宝则要补充了，可选择添加了铁质的配方奶粉。

碘 碘缺乏会对宝宝脑部有影响，母乳喂养的宝宝不用担心，人工喂养的宝宝要选择加碘奶粉。

氨基酸 人体不能合成或合成远不能满足其需求的9种必需的氨基酸是：赖氨酸、组氨酸、亮氨酸、异亮氨酸、缬氨酸、蛋氨酸、苯丙氨酸、苏氨酸、色氨酸。宝宝每天必须摄入足够的氨基酸，其摄入程度要根据实际情况来决定。

水分是必需的营养需要

宝宝出生后，前3天需水60毫升～120毫升/天，第4～7天需水约180毫升～300毫升/天，第2周需水360毫升～450毫升/天。这样，在最炎热的夏季也能足量供给宝宝所需的水分。宝宝主要从尿液中排出水分，其次从粪便中排出，呼吸和出汗也会失去水分。摄入水量不足易发生脱水，过多又会引起水肿，因为肾的浓缩和稀释功能都还未成熟。由于宝宝出生后第1周排出的水分比摄入的水分多，体重会降低5%～9%，故早期喂哺可减少水分损耗。

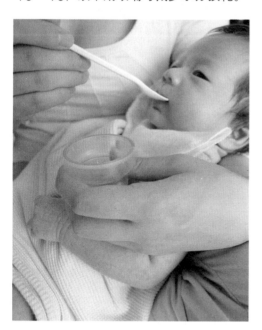

有的宝宝在出生后第2～4天会因水分不足而发高烧，称为"新生儿脱水热"，症状为啼哭、烦躁、尿少，重者嗜睡。这时，妈妈要检查乳汁分泌是否不足，同时应多喝些汤水来补充母乳中的水分。

早产宝宝的营养配方

早产宝宝因为先天储备不足，抵抗力低下，生长发育需要跟上，尤其需要母乳喂养，以免因营养不足导致疾病和智力异常。

据有关研究结果显示，相对于足月宝宝，早产的宝宝对蛋白质、钙、铜、铁、维生素的需求更大，但过量会因无法吸收，而使身体负担加重。所以父母应给宝宝适量补充。目前已经有比较适宜早产宝宝的低出生体重儿配方奶粉，可满足母乳不足或无法获得母乳的早产宝宝生长发育所需。

同时，即使早产的宝宝是母乳喂养，也要注意每天补充多种维生素，在帮助发育的同时，增强机体抵抗力，预防疾病。

母乳与维生素K的关系

维生素K分为天然维生素K和人工合成维生素K两种。

维生素K的功能主要是促进凝血酶原合成，因此如果维生素K缺乏，会导致凝血机制障碍，出现广泛出血。

母乳喂养是最好的喂养方式，但是母乳中维生素K的含量较少，所以如果单纯母乳喂养而不及时添加富含维生素K的食物，宝宝就容易发生维生素K缺乏症，多见于3个月以内的母乳喂养宝宝。轻者会出现皮肤出血、鼻出血或少量胃肠道出血等症状；严重的会出现颅内出血，宝宝表现为哭叫、烦躁不安、抽筋或神志不清。

菠菜、白菜、海带及栗子都富含维生素K。动物肝脏、蛋黄、黄豆、米糠也含有较多量的维生素K，妈妈在哺乳期应多吃此类食物。

应尽早喂母乳

研究发现，新生儿出生后第1个小时是敏感期，且在生后20～30分钟，婴儿的吮吸反射最强。如果此时没能得到吮吸的体验，将会影响以后的吮吸能力。除了加强宝宝的吮吸能力，宝宝还能通过尽早吮吸和吞咽母乳，来促进肠蠕动，促进排泄胎便。

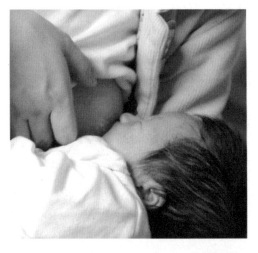

对于妈妈来说，妈妈尽早给宝宝喂养母乳，不仅能增加母乳的分泌量，还可以促进奶管通畅，避免奶胀和乳腺炎的情况出现。同时宝宝的吮吸动作，能够刺激妈妈的子宫收缩，帮助子宫快速恢复，减少产后出血、感染的机会。

新生儿出生后母子接触的时间越早、越长，母子间的感情越深，婴儿的心理发育越好。而且新生儿敏感期又是确立母子间感情联系的最佳时期，因此主张让新生儿在出生后30分钟之内，就开始吮吸乳头，以尽早获得"物质和精神食粮"。

帮宝宝吸到乳头

怎样使宝宝吸到你的乳头呢？帮宝宝含吮乳头，检查宝宝的姿势，是哺乳的关键。宝宝的含接姿势很重要。每次喂哺可利用新生儿的觅食反射，让宝宝的头脸转向乳头方向。可先用乳头触宝宝的嘴巴，宝宝由于饥饿张开嘴巴时，你就可把乳头放进他的嘴中，使其能大口地把乳晕也吸入口内。这样，宝宝在吮吸时能充分挤压乳晕下的乳窦，使乳汁排出，还能有效地刺激乳头上的感觉神经末梢，促进泌乳和排乳反射。

妈妈要注意让宝宝含吮到乳头及尽可能大部分的乳晕，否则宝宝可能会咬拽妈妈的乳头，引起疼痛感。如果妈妈觉得姿势不合适，可以轻轻使宝宝离开妈妈的胸部，重新摆好舒适的姿势为宝宝喂奶。

如果宝宝的颌部肌肉做出缓慢而有力的动作，并伴有节律地向后做伸展运动直至耳部，说明宝宝的含接姿势正确。反之，如出现两面颊向内的动作，说明宝宝含接姿势不正确，应马上矫正。

前奶、后奶都要喂

妈妈在给宝宝喂母乳时，母乳也会因为喂养时间而有营养成分上的变化。先被宝宝吸出来的奶一般称之为"前奶"，"前奶"之后的奶为"后奶"。

前奶比较稀薄，含有丰富的水分和蛋白质。后奶比较浓稠，含有丰富的脂肪、乳糖和其他营养素，可以给宝宝提供许多热量，也能让宝宝有饱腹感。

因为前奶含有很丰富的水和蛋白质，宝宝在出生的6个月内，只需食用母乳就能满足体内对水和蛋白质的所需，父母不用给宝宝额外补充水。

最重要的是，妈妈在给宝宝喂养时，不要只给宝宝喂前奶，让宝宝在没吃完一侧时换另一侧，或是把前奶挤去，只喂后奶。应该做到让宝宝放开吃，前奶和后奶都吸收，才能使身体摄取到全面的营养。

温馨提示

如果宝宝腹泻了，妈妈就应让宝宝多吃前奶，减少含脂量较多的后奶。

按需哺乳

妈妈在给宝宝喂母乳时，不用非要严格地规定出宝宝吃奶的时间。因为妈妈的乳汁有时不同量，宝宝吸收到的也会各有不同，有的宝宝吸收到的多，有的吸收到的少。妈妈应该按照宝宝对母乳的需要来哺喂，只要宝宝饿了，想吃，妈妈就随时喂。

这样做的好处是既能够及时排空妈妈的乳汁，宝宝还能通过频繁地吮吸，刺激妈妈的泌乳反射，增多奶量。

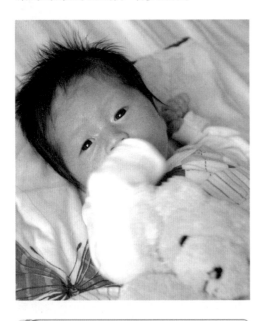

宝宝一哭就喂奶

啼哭是婴儿情绪表达的主要方式，除了饿，宝宝的啼哭还会因为尿了、不舒服或者是想让大人来抱抱。但对于1周以内的宝宝来说，哭闹的原因一般都是饿了。

这时，妈妈可以在宝宝哭的时候就喂奶，而不必担心过量。相比给宝宝规定

喂奶时间，几个小时就把正在熟睡的宝宝叫醒喂奶，这种随时喂的方式要好得多。而且宝宝一哭，父母就做出回应，从心理上给宝宝一种安全感。

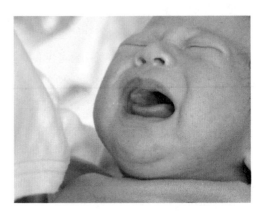

在喂养次数上，宝宝刚出生时，一般胃容量只有30毫升，每次只能吮吸到20毫升左右的奶量，加上奶在胃中停留时间短，宝宝很快就会有饿的感觉。所以吃奶次数比较多，一般两小时左右喂一次奶，一天可达十几次。有时即使是后半夜，宝宝也吃得比较频繁。到了三四周后，宝宝吃奶次数会明显下降，每天也就7~8次，后半夜往往一睡五六个小时不吃奶。

爱心妈妈经验谈

在肠道停留的有毒物质超过一定量时，肝脏难以负荷，这些没有被分解的有毒物质便会通过血液循环的方式，入侵宝宝大脑中枢神经，造成中枢神经中毒，出现注意力不集中、记忆力减退、反应迟钝等情况，影响宝宝的智力。

宝宝拒绝吃奶怎么办

在给宝宝哺乳时，有时会遇到宝宝拒绝吃奶的现象，一般是因为：

妈妈的乳房可能因为肿胀（乳汁过多、有疼痛感、变硬）而使宝宝很难吮吸。遇到这种情况，妈妈可以用一块温热柔软洁净的棉布热敷乳房以减轻肿胀，使乳房稍微松软一些。这样一来，宝宝就比较容易吮吸乳头，不会拒绝妈妈的乳房了。

妈妈的乳汁可能流出得太快，宝宝吮吸时常常呛着，因此拒绝吃妈妈的乳汁。这时，妈妈可以用中指和食指夹住乳房，减小乳汁的流量，这样，就不至于呛着宝宝了，宝宝也就不会拒绝了。同时，奶急的妈妈在饮食上要有所注意，避免喝太多的汤。

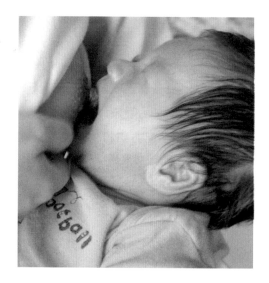

妈妈的乳房可能盖在宝宝的鼻孔上，使宝宝因呼吸困难而拒绝妈妈的乳房。这时，只需妈妈轻轻地将乳房移开宝宝的脸，宝宝就会愿意吃奶了。

有的宝宝不吃奶是因为鼻子不通气，吮吸时呼吸受阻。解决的办法是，清除宝宝鼻腔分泌物或遵医嘱使用一些滴鼻剂，宝宝鼻子通气了，自然就会吃奶了。

如果上述原因都不存在，就要考虑宝宝是否生病了，以便及时请医生观察诊治。

要注意的是，如果妈妈没有在产后48小时内尽早喂宝宝母乳，使宝宝错过了学会吮吸乳房的最佳时间，也许会给宝宝以后学习吮吸乳房带来难度。宝宝会因为先接触到了奶瓶上的奶嘴，印象深刻，而对妈妈的乳头有错觉，拒绝吸奶。这时，妈妈要耐心坚持，让宝宝学习吮吸乳房，也可以用挤出来的乳汁喂养他，慢慢吸引宝宝，这样也利于妈妈的乳汁供应充足。

当母乳不足时

一般在这个阶段，宝宝的食物仅限于母乳。但当母乳实在不足时，便要给宝宝采用混合喂养的方式添加牛奶了。

目前的市售配方奶粉，已根据母乳的成分比例对各种营养素、矿物质、维生素等做了调整，配方更接近母乳，更容易吸收，基本能满足宝宝的生长发育方面，但其不含有母乳中所特有的免疫球蛋白。

在有些无法获取配方奶粉的地方，牛奶是母乳缺乏的替代食品。牛奶中的蛋白质和钙的含量高于母乳3倍，但新出生的宝宝，尚不能充分消化吸收这些蛋白质，因此，鲜牛奶需要稀释调配。对牛奶过敏的宝宝还可以食用豆奶。目前市场上有配方豆奶粉，从大豆中分离出浓缩的蛋白质，添加了谷类糖浆、蔗糖、植物油、矿物质、维生素等物质。但注意要选择含有碘的豆奶粉。

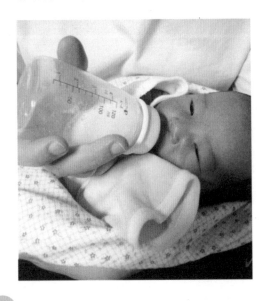

增加母乳的办法

乳汁的多少，既受内分泌激素的控制，也取决于乳房组织本身的发育状况，这都属于先天条件。有的妈妈奶水不足，最好想办法增加奶量。要维持足够的乳汁，还需注意以下几个问题：

妈妈在产后就和宝宝保持接触，一般可以增加40％的乳量；即使妈妈最初没有太多的奶水，也可以让宝宝通过勤吮吸乳头，刺激妈妈脑下垂体，使之分泌出更多的催乳素，增多奶量；每次喂奶时要争取让宝宝把奶全吮吸完。宝宝出生头几天，妈妈的乳头较硬，宝宝吮吸力弱，乳量较少，但会随着时间慢慢改善，不要因此而放弃哺乳。

哺乳期内妈妈要有充足的睡眠和休息，多晒太阳，多呼吸新鲜空气，起居饮食要有规律，生活节奏不要过于紧张。

保持精神愉快，消除忧虑。哺乳期妇女，遇到影响心情的事情后乳汁会减少，所以妈妈要保持心情愉快，消除各种忧虑。

妈妈要对自己有信心，大部分产后的妈妈都会有足够的乳汁喂养自己的宝宝。母乳喂养需要妈妈有绝对的自信和亲人的鼓励与支持，让宝宝早吮吸、早开奶。也可以在医生的指导下服用一些中成药，如乌鸡增乳胶囊等。

注意食欲与食物摄入。食欲好的妈妈，泌乳量多；若食欲不好，或有饥饿的情况，乳量和乳汁中的蛋白质的含量都会减少；母乳内脂肪、维生素等含量随妈妈饮食所摄入的营养素以及季节不同而变动。所以奶水不足的妈妈还可以适当增加一些含丰富营养的食物，多吃新鲜的蔬菜和水果，尤其是喝易发奶的汤水，如鸡汤、猪蹄汤、鲫鱼汤等能促进乳汁的分泌。

哪种情况不能喂养母乳

母乳虽好，但有些情况下不宜喂母乳。如果妈妈身体有病，哺乳势必会增加负担，使疾病加重。而且有些药物可在乳汁中分泌出来，如果妈妈长期服用药物，可使宝宝发生药物中毒。患传染病的妈妈，还可通过哺乳将疾病传染给宝宝。因此，妈妈有病或吃药时不应哺乳。一般来说，妈妈患有某些疾病或有特殊状况时不宜喂奶。

患有各型肝炎、艾滋病等病毒感染疾病的妈妈，如果哺乳宝宝，会增加宝宝感染的机会；长期服药控制某些疾病的妈妈，如果哺乳，服用的药物可能会进入乳汁，对宝宝产生不利影响；患有严重心脏病的妈妈，哺乳会恶化妈妈的心功能；患有严重肾脏疾病的妈妈，哺乳会加重脏器的负担和损害。

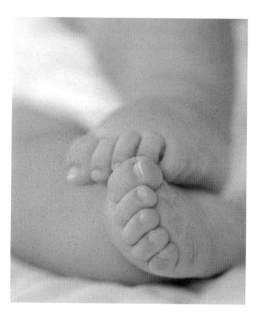

总之，是否继续哺乳，应当从宝宝的营养安全以及妈妈身体和心理上的负担结合起来慎重考虑，权衡利弊，作出合理选择。此外，如果在细菌或病毒急性感染期的妈妈、接触有毒化学物质或农药的妈妈都不宜哺乳。患有半乳糖血症、糖尿病等代谢病的宝宝也不宜进食母乳。

 温馨提示

当乳头皲裂时，可以挤奶后用小匙哺喂。生奶疖时，有病的一侧不要给宝宝喂奶，只需按时挤出奶汁防止回奶即可。

配方奶的配制

在为宝宝调配配方奶时，首先要仔细阅读奶粉包装上的冲调说明，及不同月龄的饮用量等。奶粉和水的比例经过认真

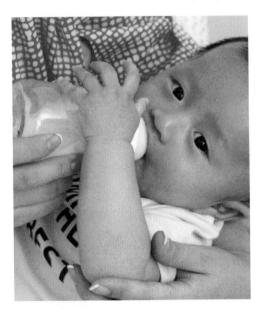

的计算后，能为宝宝提供最好的营养。可以一次调配一瓶奶，也可以一次调配几瓶。并将调配好的奶放在冰箱冷藏室，需要时取出（一次没有喝完的奶超过24小时就不要再喂给宝宝了）。

准备好调配所需要的一切工具，将适量经冷却处理的沸水（每次调配完几瓶配方奶后，就将暖瓶灌满）倒入经过消毒的奶瓶中。用带刻度的勺子取精确分量的配方奶粉，使奶粉的表面与勺齐平。将奶粉倒入水中，盖上奶瓶的瓶盖，充分晃动瓶身，直到奶粉全部溶解。

 温馨提示

在冲调配方奶时，严格消毒是非常必要的，父母可把奶瓶等用具蒸煮消毒，同时避免手、抹布、房间里的灰尘等任何污染源给宝宝带来细菌。

把奶粉冲得浓一点好吗

许多妈妈都希望宝宝多吃一些，对于人工喂养和混合喂养的宝宝来讲，有时，妈妈看到近几天宝宝吃奶量减少就故意不按说明的要求，把奶冲得浓一些。认为冲得浓一些，营养价值就会高一些。其实，这样做适得其反。因为奶粉中含有较多的钠离子，如果奶的含量过高，其中的钠离子也会增多，冲得过浓的奶是一种高渗液体，进入消化道要吸收许多消化液冲稀才能消化。宝宝的消化腺体不很发达，不能释放出大量液体，部分太浓的奶液会引起超渗透负荷使宝宝腹胀、呕吐和腹泻。若这些钠离子没有适当地稀释，而被宝宝大量吸收，就会使血清中的钠含量升高，导致血氮增高和血液中尿素增多，使肾脏负担过重，还会引起高血压、抽筋甚至昏迷。宝宝吃奶减量时应当考虑到是否因为消化道需要休息。

由此可见，宝宝不应喝过浓的牛奶。当然，也不应喝过稀的，以免引起营养不良。最好按照奶粉包装说明上的要求冲奶。

正确使用奶瓶

如果用奶瓶喂哺婴儿，喂奶时应注意将婴儿抱紧，使他能体验及享受你的温情。喂奶之前要先滴几滴奶在手腕上，试试温度，不可太热或太冷，温度要正好适宜食用。

喂奶时，要倾斜奶瓶以便使奶嘴充满奶水，使婴儿不会吸入太多空气。奶水要能从奶嘴迅速滴出，但不可像一道水流流出。如果奶嘴孔太小，可用消毒过的针头使它扩大；如果洞孔太大，应更换奶嘴，因为喂得太快，很容易引起婴儿呛奶和喂奶过量。

喂奶中偶尔要将奶瓶拿开让婴儿休息，他通常在10～15分钟内将奶吃完。不要让他的手指接触到奶嘴，也不要让他单独和奶瓶在一起。

早产儿该如何喂养

由于早产儿体重不足，脏器发育不够成熟，从母体得到的贮备也不足，喂养的难度较大。

母乳是宝宝最好的营养品，对早产儿来说更是如此。尽管提前结束妊娠，但妈妈乳汁中的营养成分并不缺少。用母乳喂养能增强早产儿的抗病能力，有利于身体器官尽快发育成熟。

早产儿由于口舌肌肉弱，有的不能吸乳。这种早产儿，开始时可用滴药管或滴乳管缓缓滴入。待宝宝有能力吮乳时，可直接喂哺母乳，或用奶瓶喂养。

因此，对于早产儿，妈妈的期望值不要太高，不要期待宝宝能立即吮吸你的奶头，宝宝可能需要更多的时间和耐心来适应妈妈的乳头。这时候，妈妈要尽量避免用奶瓶喂宝宝，因为身体虚弱的宝宝很容易接受奶瓶而拒绝吮吸妈妈的奶头，影响日后的哺乳。

由于早产儿肝功能差，缺乏合成胆汁的能力，对脂肪消化吸收能力不足，对牛奶的饱和脂肪酸不能消化和吸收，经常完整地从大便排出形成脂肪泻，或与钙结成皂块呈奶瓣样排出。所以，应选择母乳和除去饱和脂肪酸的配方奶。

8天至1个月

宝宝的可爱样子

宝宝刚出生时并没有想象的那样好看：一颗约占了身长的近1/4的脑袋瓜，细小的腿和小胳膊，鼓起的肚子和一张被羊水浸泡的小脸。但经过1周后，宝宝的脸蛋舒展起来，不水肿了，怎么看都觉得可爱。皮肤也褪去了出生时的胎脂，呈粉红色，柔软光滑。

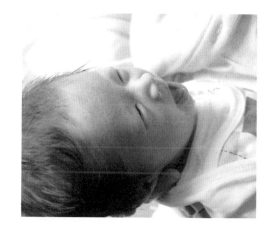

宝宝8天至1个月发育速查表

性别	身长（厘米）	体重（千克）	头围（厘米）
男宝宝	56.8±2.4	5.11±0.65	38.0±1.3
女宝宝	55.6±2.2	4.73±0.58	37.2±1.3

在睡觉中成长

这个时期的宝宝像第1周一样，吃饱了睡，睡醒了吃。宝宝的体位还是保持在母体里的姿势，手臂和腿弯向躯干一边，小手攥成拳头。乱蹬乱踹只是一种无意识的活动。

宝宝吃奶及大小便次数多且尚无规律。宝宝排尿一般在每天6次以上，但大便一般各有不同。母乳喂养的宝宝，一般大便次数多且稀；配方奶喂养的宝宝大便次数少，一天只排一两次。

这个时期的宝宝正在逐渐适应新的生长环境，听力很敏感，尤其是爸爸妈妈的声音，所以爸爸妈妈们不要错过和宝宝交流的机会，常对宝宝说话、唱歌，是和宝宝交流的好办法。同时大人们还可以多抱抱宝宝，让宝宝多感受亲人的温暖和幸福。

母乳仍是首选

宝宝的消化能力在渐渐加强，妈妈的乳汁也在渐渐增多。

宝宝的身体开始迅速成长了，母乳喂养的宝宝体重增长一般不如配方奶喂养的那样快，母乳喂养儿的体重增长是更适宜的，这种相对不快的体重增长，可降低成人期代谢性疾病的风险。

如果选择给宝宝喂配方奶粉，目前市面上的配方奶粉，添加了许多营养成分，也基本可以满足宝宝的营养需要。

宝宝出生第2周以后

其他营养成分	每日每千克体重需要
热能	81千卡～120千卡
蛋白质	2克～3克
糖	12克
水分	150毫升～200毫升

温馨提示

建议每日补充维生素D400IU（国际单位），尤其是冬天出生的宝宝比较容易缺乏维生素D；在补充维生素D的同时适量配合补充维生素A，但要注意避免过量，以防发生中毒。此阶段维生素E一般只针对早产儿补充。

一些重要的矿物质和维生素

一般来说，宝宝在妈妈子宫时，所吸收的营养素可以存储起来，在出生后的前6个月，进一步满足宝宝的营养所需。但这种情况的前提是，妈妈的营养足够、均衡。如果妈妈在怀孕时偏食，或体内缺少维生素等营养物质，宝宝则无法吸收全面的营养素。

从预防的角度来说，为了避免宝宝缺乏某些必需的营养物质，妈妈可以从现在开始给宝宝补充某些营养物质。

脂肪、蛋白质、糖、钠、钾、氯、钙、磷、镁、锌等营养素，一般宝宝都可以从母乳中获取。如果是早产儿，或者妈妈在孕期里维生素摄入严重不足、胎盘功能低下，就要在这一时期根据宝宝维生素的缺乏程度额外补充了。

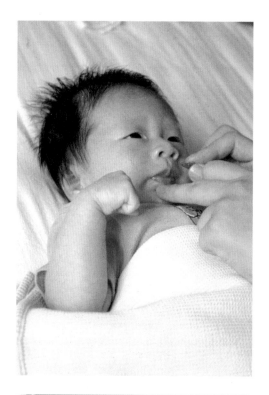

鱼肝油到底好不好

父母最好在宝宝出生半个月就开始补充鱼肝油。鱼肝油含维生素A、维生素D，维生素A对宝宝视觉和上皮细胞的完整有很好的作用。维生素D可以帮助钙的吸收，促进骨骼钙化。但是，普通鱼肝油中所含维生素A的量要高于维生素D10倍，如果父母只注重给宝宝补充维生素D，而过多摄取维生素A，很容易就产生维生素A蓄积中毒。

所以对于这么幼小的宝宝来说，应该选择婴儿剂型的鱼肝油，也可以选择用复合维生素液来给宝宝补充所需维生素。可以每天给宝宝喂一次。同时也要注意不能摄取过量。

母乳喂养次数

从宝宝的成长上可以看出，这一时期的授乳次数较上周适当减少了，一般为8～10次。但与上一周相同的是，这一时期，妈妈给宝宝喂养母乳的次数仍然不需要硬性规定，按需喂养即可。而且，母乳的分泌并不固定，如果分泌多，宝宝可以吃饱，距离下次吃奶的间隔就会长，反之则短。所以可以根据宝宝自身的饥饱程度来决定授乳间隔。同样的道理，在这一时期，规定母乳的喂养量也是没有必要的。

乳汁的味道

妈妈的饮食会影响乳汁的味道，乳汁的味道会影响宝宝的食欲。

据美国的一个研究中心对12位哺乳的妈妈进行的一项实验表明，妈妈饮用含酒精的果汁后，她们乳汁的味道就会带有酒精味，宝宝不爱吃，体重也会减轻。虽然乳汁中的酒精成分非常少，但宝宝吃后也会有"醉"的反应，睡眠时间会变得短而频繁，跟平日不一样。所以哺乳期的妈妈要注意避免食用辛辣、刺激的食物，以免使宝宝排斥母乳。

宝宝吐奶了

宝宝吐奶一般都出现在出生半个月之后，不管是母乳喂养还是人工喂养都会出现。如果宝宝没有其他不适，父母不用紧张，这是常见现象。

因为宝宝的胃呈水平位，容量小，连接食管处的贲门较宽，关闭作用差，连接小肠处的幽门较紧，而宝宝吃奶时又常常吸入空气，奶液容易倒流入口腔，引起吐奶。有的宝宝每次吃奶后都吐，有的宝宝是在刚吃完就吐，有的是在吃完过了20分钟再吐。吃完就吐时基本还是"奶"，过后再吐就有点儿像"豆腐脑"，这可能是奶在宝宝胃里停留了太长时间的原因。

妈妈喂奶后应把宝宝立起来轻拍背部，让宝宝打嗝。对于经常吐奶的宝宝，妈妈可以试着减少每次喂量，增加次数。严重的吐奶，尤其在出生半个月以后出现的，要及时带宝宝去看医生，以排除先天性幽门肥厚性梗阻的可能。

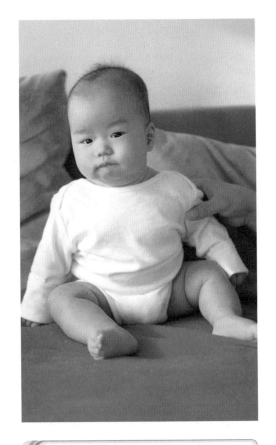

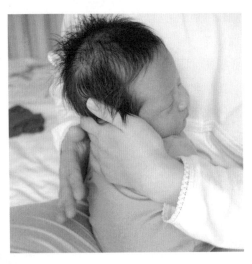

选择合适的奶嘴

奶嘴上的开口大小、材质软硬程度也会影响宝宝的食欲和健康。如果奶嘴选择得不合适，宝宝吃完奶后容易引起呕吐。当你觉得宝宝吸奶费力时，或是宝宝吸奶时很容易疲倦、焦虑，这时就需要给宝宝更换流量比较快的奶嘴了。

看材质。奶嘴分为橡胶和硅胶两种质地。橡胶奶嘴的特点是有弹性，与母亲乳头接近，3~4周更换1次。如果宝宝不喜欢橡胶味，可以选择硅胶材质的奶嘴。硅胶奶嘴易吮吸，不易老化，2个月左右更换1次即可。

看开口。目前市面上有圆孔、十字口两种开口的奶嘴。圆孔适合月龄小或吮吸力气小的宝宝，但圆孔的开口无形中成为细菌入侵的小通道，也有因圆孔持续有奶流出而发生呛奶的风险。十字形的开口适合月龄稍大的宝宝，可以在宝宝不吮吸时自动关闭，阻挡细菌的入侵，还能根据宝宝的吮吸力度调整牛奶的流量。

看型号。奶嘴的选择需根据宝宝的月龄选择相应的型号，如S型适合0～3个月以内使用，M型适合3～7个月，L型适合7～11个月，而Y型则适合喂食汤或果汁。

母乳之外的喂养

这一时期，母乳确实不足的妈妈可以选择在母乳后添加适量配方奶。对于混合喂养的宝宝，可以先喂母乳，再补充配方奶，也可以一顿母乳，一顿配方奶。前一种方法比较费力一些，但有利于保持或增加母乳的量。而后一种方法，可能会因吃母乳次数的减少导致母乳分泌也逐渐减少。

如果是完全喂养配方奶，妈妈要记得在给宝宝喂养的两次中间，适量喂些白开水，以减少便秘等现象的发生。

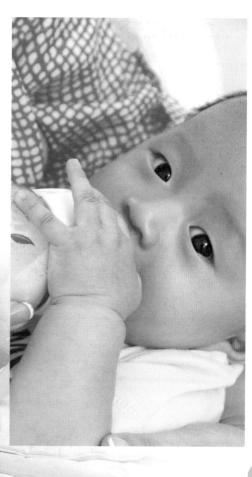

1~2个月

宝宝长高长胖了

这时候的小宝宝，面长得扁平，阔鼻，小脸光滑了，皮肤也白嫩了，肩和臀部显得较狭小，脖子短，胸部、肚子呈现圆鼓形状，小胳臂、小腿也变得圆润了，而且总是喜欢呈屈曲状态，两只小手握着拳。所有这一切都表明，宝宝已经平安顺利地度过了新生儿期，开始迎接自己的新生活。

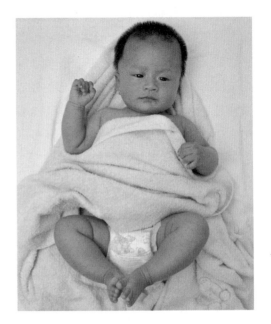

经过1个月的悉心照料，宝宝体重和身高迅速增长，长高了，也长胖了。宝宝的体重比出生时平均增加了1千克，身高也平均增长了3厘米~4厘米。有些生长顺利的宝宝，每天的体重增加量超过30克。但这只是平均数值，宝宝的生长在很大程度上取决于个人的差异。

宝宝第1~2个月发育速查表

性别	身长（厘米）	体重（千克）	头围（厘米）
男宝宝	60.5±2.3	6.27±0.73	39.7±1.3
女宝宝	59.1±2.3	5.75±0.68	38.8±1.2

宝宝爱动爱笑了

以前整天睡觉的"小贪睡鬼"现在已经熟悉了生活的节奏，醒着的时间多了一些，宝宝也变得越来越可爱了。有了更丰富的表情，会笑了，偶尔还会发出一些"啊啊呜呜"的小声音。视力和听觉越来越发达，白天一双圆溜溜的大眼睛骨碌碌地转个不停，还能辨别出声音的方向。

这个时期的宝宝似乎已经"认识"了朝夕相处的父母和家人，可以和家人互动了，见到家人，他们会露出很高兴的样子。在家人逗他时会脸上笑着，嘴里叫着，手脚舞着，也乐于让家人抱他。

同时，宝宝的手脚也灵活了一些，小手可以送到嘴边自己吮吸，腿脚开始"不老实"，总是把妈妈盖好的小被子踢开。这个时候的宝宝，俯卧位时，已经可以抬头了，当然还不能坚持太久，但这已经足以让家人，包括宝宝自己都兴奋了。

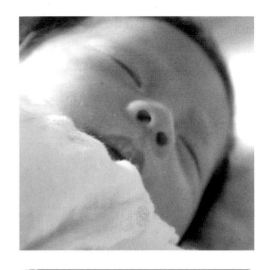

重要的营养物质

从这个月开始，宝宝进入快速增长期，为了宝宝生长发育的需求及健康，这也需要给宝宝提供足够的营养。如果母乳不足（一定不要轻易认为自己的母乳不足，有时是因为休息和饭量不足而引起暂时的奶量不足），父母在给宝宝添加配方奶时，要同时注意下面这些营养元素的摄入。

热量 对于宝宝来说，热量摄入的要求是成人的2.5～3倍。这个月的宝宝每日所需的热量仍然是每千克体重100千卡～110千卡，如果每日摄取的热量超过120千卡/千克，就有可能造成肥胖。

维生素D和钙 此阶段，仍要注意给宝宝补充维生素D和钙，这对于母乳喂养或是人工喂养都是必需的，除了含有维生素D和维生素A的适量的复合维生素制剂和钙类产品，还可以让宝宝多晒晒太阳，促进钙的吸收。

脂肪酸DHA和AA　脂肪酸DHA和AA是大脑和视网膜的重要组成部分。母乳中含有丰富的DHA和AA，但是对于母乳不足或无法给宝宝喂养母乳时，父母可以给宝宝选择添加了DHA和AA的奶粉。

适当喝些果汁

一般来说，母乳中含有维生素C，人工喂养的宝宝也可以从奶粉、复合维生素液中获取一定的维生素C，不用额外从果汁里补充。但是，适当给宝宝喝些果汁还是不错的。

尤其对于人工喂养的宝宝来说，适量的果汁利于帮助宝宝通便。但妈妈要注意的是，由于此时宝宝消化功能还不完善，所以要用温开水兑少量果汁，如果宝宝适应，就可以少喂。酸性果汁要在宝宝喝完奶后一个小时添加，以免出现不适。

温馨提示

如果果汁没有加糖宝宝也愿意喝，就尽量不加糖。如果是榨原汁，在制作过程中要注意清洁。

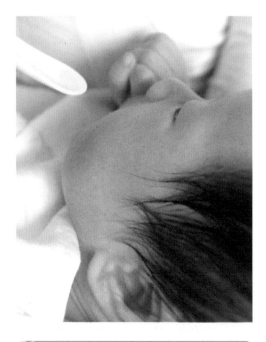

早产宝宝要补铁了

每个足月的宝宝出生时，体内都已经储备了一定的铁。但早产的宝宝在妈妈体内的时间不足，铁的储备很少，容易出现贫血现象。

对于人工喂养的宝宝来说，配方奶粉里一般都添加铁，而母乳喂养的宝宝，母乳中铁的含量有限。对于早产儿，尤其出生胎龄较低者，在日常护理中更要注意补铁，最好在满周岁前坚持补铁。例如，加铁的婴儿配方奶粉、含铁的米粉或含铁的维生素滴剂等。同时，还要补充富含维生素C的食物，如番茄汁、菜泥等，以增进铁质吸收。此外，当宝宝开始吃固体食物后，也要多喂食含大量铁质的食物，如鸡蛋黄、米粥、菜粥等，但应避免喂食糖，因为食糖会阻碍铁质的吸收。

吃奶时间缩短别担心

这个月的宝宝吸吮能力增强，吸吮速度加快，因此，吃奶的时间势必也要缩短。这是正常现象，可是有些妈妈却认为宝宝吃得快，是因为自己的奶少、不够吃了，其实这种担心是多余的。这个月的宝宝比新生儿更加知道饥饱，吃不饱他是不会入睡的，即使一时睡着了，很快也会醒来要奶吃。如果一天吃不饱，大便就会减少；即使次数不少，大便量也会减少。

这一时期仍要遵循按需喂养的原则。这时的宝宝不再像新生儿期那样，吃着奶就睡了，一会儿又醒来要奶吃，基本可以一次吃完奶，吃奶间隔时间也延长了，一般2.5～3小时1次，一天7～8次。但并不是所有的宝宝都这样，2个小时吃一次也是正常的，4个小时不吃奶也不表明是异常，一天吃5次或一天吃10次，都是正常的。但如果一天吃奶次数少于5次，或大于10次，要向医生询问或请医生判断是否有异常情况。晚上还要吃4次奶也不能认为是闹夜，可以试着后半夜停一次奶，如果不行，就每天向后延长，从几分钟到几小时，妈妈不要急于求成，要有耐心。

让母乳更营养

母乳的质量和分泌量取决于妈妈的饮食质量，许多妈妈的乳汁太稀薄，宝宝不想吃，这时妈妈就要注意提升母乳的品质了，途径当然是注意改善自己的饮食。

如果妈妈摄取越多的蛋白质、不饱和脂肪酸、矿物质、维生素等营养素，这些营养素在母乳中的含量也就越高。反之，如果妈妈的饮食营养不够，则乳汁中也不能提供充足的营养素。妈妈在授乳时，钙会流失，如果妈妈没有及时补充钙，自己的骨骼和牙齿也会受到影响。这时的妈妈所需的营养素要多于孕期，增加B族维生素，每天至少50克的蛋白质，可以通过每天喝两杯牛奶来补充钙质。

人工喂养

出生2个月的宝宝采用人工喂养时，最重要的是不要喂过量，以免增加宝宝消化器官的负担。

人工喂养的大致标准是：每天每千克体重150毫升左右。不过，这只是一个大致标准，因为经常哭闹的宝宝，一般吃得更多，而经常安静地睡觉的宝宝吃得较少。食量少的宝宝不吃到标准量也可以，食量大的宝宝可以吃到150毫升～180毫升每千克体重。

选择适宜的奶粉

配方奶是营养学家根据母乳的营养成分，重新调整搭配奶粉中的酪蛋白与乳清蛋白、饱和脂肪酸与不饱和脂肪酸的比例，除去了部分矿物盐的含量，加入了适量的营养素，包括各种必需的维生素、乳糖、精炼植物油等物质。

无论什么品牌的奶粉，其基本原料都是牛奶，只是添加一些维生素、矿物质、微量元素，其含量不同，有所偏重。但都要按照国家统一的奶制品标准加工制作，如有的奶粉中含有较多的铁剂，有的含有较多的钙剂，有的含有较多的脂肪，有的含有较多的蛋白质，有的含有较多的微量元素。所以，只要是国家批准的正规厂家生产、正规渠道经销的奶粉，适合这个月的宝宝，都可以选用。选用时要看是否标有生产日期、有效期、保存方法、厂家地址、电话、奶粉成分及含量、所释放的热量、调配方法等，最好选择知名品牌、销售量大的奶粉。一旦选择了一种品牌的奶粉，没有特殊情况，不要轻易更换，如果频繁更换，会导致宝宝消化功能紊乱和喂哺困难。宝宝吃惯了一种奶粉，突然更换，可能会拒绝，这无形中带来了麻烦。

怎样解决宝宝牛奶过敏的问题

引起牛奶过敏的主要原因一般有两个：

乳糖耐受不良。宝宝的肠道中缺乏乳糖酶，对牛奶中的乳糖无法吸收，所以消化不良。通常此类患儿只有胃肠方面的不适，大便稀如腹泻般，如果停止喂奶，则症状很快就会消失。

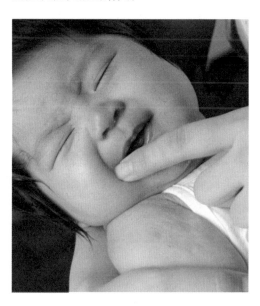

牛奶蛋白过敏。宝宝对牛奶中的蛋白质产生过敏反应，每当胃肠道接触到牛奶后，身体就会发生不适症状。各个年龄不论大人小孩皆会有，婴幼儿多以牛奶为主食，婴幼儿时期是最容易发生牛奶过敏的时期。而胃肠最先接触到牛奶，所以牛奶过敏的症状以胃肠方面的不适为最多，如腹泻、呕吐、粪便中带血、腹痛、腹胀等。

当牛奶中的蛋白质被胃肠吸收后，随着血液运送到全身的各个器官，也会产生不同器官的过敏反应。但其他一些症状（如下所列），只要停止接触牛奶，这些身体上的不适马上就会消失。

皮肤方面。50％～70％的宝宝容易患上异位性皮肤炎、红疹、过敏疹等。

呼吸方面。20％～70％的宝宝容易患上气喘、气管炎、痰多、鼻炎、中耳炎等。

其他方面。如过敏性休克、肾脏症候群、夜尿、睡不安宁、烦躁、眼结膜炎、眼皮红肿等。

若确定宝宝牛奶过敏，最好的治疗方法就是避免接触牛奶的任何制品。目前市场上有一些特别配方的奶粉，如豆奶粉、羊奶粉等，可供对牛奶过敏的宝宝食用。

这些奶粉与一般宝宝配方奶粉的主要区别是：以植物性蛋白质或经过分解处理后的蛋白质，取代牛奶中的蛋白质；以葡萄糖替代乳糖；以短链及中链的脂肪酸替代一般奶粉中的长链脂肪酸。其成分虽与牛奶不同，但仍具有宝宝成长所需的营养，同时也可避免宝宝出现各种不适症状。

宝宝体重下降有危险吗

我们将新生儿的体重下降称之为"生理性"体重下降，这是由于宝宝出生后吃奶较少，身体通过皮肤、肺等失去了一些水分，再加上每天还会排出胎便和尿液导致的，所以这是一种正常现象。妈妈不要误以为是宝宝病了而过于忧虑。只要注意合理喂养，宝宝很快就会增重的。

妈妈更不要担心自己的宝宝体重下降，强迫他多吃奶，这样会造成宝宝对吃奶的抗拒，甚至厌恶吃奶。

有人认为，失重过多会引起脱水，进而导致发热。为了防止这种情况的发生，有时给宝宝喂水，但是纯母乳喂养的宝宝只吸妈妈的奶就足够了。

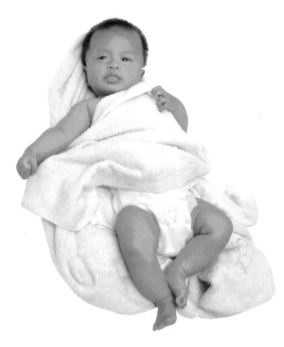

宝宝为何体重增长不足

宝宝体重增长不足，可能是得了肺部、尿路或其他部位的感染性疾病。也有少数情况是心脏有先天缺陷或智力障碍。如果宝宝有病，就应及时给予治疗。宝宝的体重增长不足主要有下面一些原因：

妈妈的喂奶次数过少。每天喂哺次数少于6次。有些妈妈一天仅喂奶1～2次，夜里则不喂奶；也有些妈妈想以延长喂奶间隔时间来积蓄更多的奶。

有些宝宝并不经常吵着要吃奶，妈妈就认为宝宝一切正常，而事实上宝宝并没有得到足够的奶。有时，这些宝宝可能存在神经性或其他方面的问题，从而造成了这种现象。

宝宝吮吸时间不够。一些宝宝仅吮吸了几秒钟就睡着了，尤其当宝宝吃奶时穿着过多，这种情况就更容易发生。但过一会儿，宝宝又会因为饥饿而惊醒、哭闹。

妈妈营养不良。营养不良的妈妈比营养良好的妈妈所产生的乳汁少且所含的脂肪量少。宝宝可能因为生长需要量超过乳汁供应量，而出现体重增长不足。同时，为刺激产生足够的乳汁，这些宝宝可能比营养好的妈妈的宝宝吸吮得更频繁。

2～3个月

人见人爱的宝宝

这个时期的宝宝已经是一副人见人爱的模样了。奶痂消退、湿疹减轻后，露出细腻的皮肤，光泽有弹性。眼睛变得有神，能够有目的地看东西，听力也明显更加灵敏。如果逗宝宝笑，宝宝会发出响亮的笑声。是家长与宝宝"沟通"感情的好时机。

这个月是宝宝生长发育的重要阶段，在这个月里，宝宝的身高、体重、头围等都有不同的增长，身高可比上个月增长3厘米～4厘米，到了2个月末，身高可达60厘米。体重平均每天可增长40克，一周可增长250克左右，头部发育也已经趋于完善。

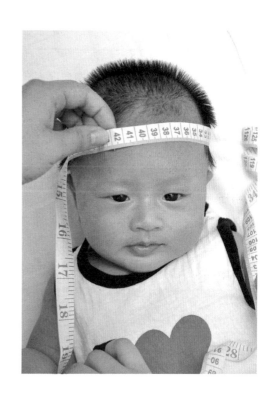

宝宝第2～3个月发育速查表

性别	身长（厘米）	体重（千克）	头围（厘米）
男宝宝	63.3±2.2	7.17±0.78	41.2±1.4
女宝宝	62.0±2.1	6.56±0.73	40.2±1.3

宝宝会翻身了

这个月，宝宝的身体灵活性增强了，甚至快要学会翻身了；对外界的反应越来越强烈，喜欢亮的地方，喜欢到户外，高兴时可以发出"啊、哦、呜"的声音。

宝宝手脚活动越来越准确、频繁，上个月还不能握住的小玩具，这个月已经能用手抓住很长时间了。当宝宝俯卧在床上时，可以用手和胳膊努力地把自己支撑起来，有时能支撑1分钟左右，头还能随着视线转动，小眼睛骨碌碌地看着周围的一切。

有一天，妈妈会突然惊喜地发现，刚刚还平躺在床上的宝宝，已经能自己翻过身去，趴在床上了。这是宝宝成长的又一个里程碑，说明宝宝已经有了对颈部的控制能力，对身体的协调能力也增强了。但爸爸妈妈在欣喜的同时，要注意看好宝宝，这时的宝宝只会翻过身，还不会把压在身下的小手拿出来，也不会翻回去，而且有翻到床下的危险。

重要的营养物质

这个月的宝宝每日所需的糖、蛋白质、脂肪、矿物质、维生素，大都可以从母乳和配方奶中摄入。

热量 如果热量摄入不足，低于100千卡每千克体重，可能导致宝宝体重增长缓慢或落后。如果每日摄入热量高于120千卡，可能导致体重超过标准，成为肥胖儿。

温馨提示

随着宝宝手脚活动的频繁，踢被子也更加"严重"了，爸爸妈妈要多留心给宝宝盖被。

同时，宝宝大脑发育的关键时期是怀孕3个月到出生后6个月。脑细胞有一个特点，就是其增殖是一次性完成的，错过这个机会就无法补偿了。因此，孕期的营养与婴儿期的喂养非常重要。如果宝宝营养不良，特别是蛋白质供应不足会影响脑细胞的生长。

蛋白质 宝宝的食品依然以乳类为主。乳类中所含的蛋白质和脂肪已能满足宝宝的需要。若用母乳喂养，每千克体重只需蛋白质2克；若人工喂养，每千克体重需3.5克蛋白质。

钙和铁 母乳和配方奶中所含的钙已基本符合营养需要，不需要补充。但二者都缺乏铁质，不过，由于这个月的婴儿体内储存了足量的铁，一般也不会缺乏，因此不必额外补充铁。早产儿例外，要咨询一下医生提早补充。

补充维生素C

在这个时期，宝宝由母体获得的维生素已经基本快耗尽了，需要父母额外补充。

维生素C主要来源于新鲜蔬菜和水果，一般每100毫升母乳只含2毫克～6毫克维生素C，配方奶会略有增加。所以，这个时期可以给宝宝增加一些绿叶菜汁、番茄汁、柚子汁和鲜水果汁等，如菠菜、白菜、苋菜等所煮的水或橘汁、番茄汁等，皆富含维生素C。可于两次喂乳之间添加，开始时每天可补充20毫升～40毫升，以后可加至100毫升。果汁比较甜，宝宝一般比较容易接受。

温馨提示

3个月时的宝宝极易发生便秘，以致引起宝宝排便时哭闹不止。便秘的原因很多，人工喂养的宝宝，因为奶中钙的含量较高，容易导致宝宝大便干结，如果水分补充不足，就会引起便秘。

母乳喂养次数和时间间隔

宝宝在这一时期里生长发育是很迅速的，由于身体对营养的需求增大，食量会增加，不但吃得多，而且还吃得快，吞咽的时候还能听见咕嘟、咕嘟的声音，嘴角还不时地溢出奶液来。随着宝宝喝奶量的增多，每次喂奶间隔时间也相应变长了，以前过3个小时就饿得直哭的宝宝，现在可以睡上4个小时，有时甚至睡5个小时也不醒。这说明宝宝喝进去的奶还没有完全被消化吸收，也说明宝宝已经具备了储存能量的能力。妈妈没有必要3小时就给宝宝喂一次奶。

总的来说，这时期的宝宝喂奶次数会减少，间隔也会相应变长，一般可以每3小时1次，夜间可以减少1次，每次喂75毫升～150毫升。但是，每个宝宝因胃口、体重等差异，食量也有很大差别，妈妈还是要按需喂养。

适当调整夜间喂奶时间

对于3个月的宝宝来说，夜间大多还要吃奶，如果宝宝体质很好，就可以引导他断掉凌晨2点左右的奶，把晚上临睡前9～10点钟的这顿奶顺延到晚上11～12点。宝宝吃过这顿奶后，起码在4～5点以后才会醒来再吃奶。这样，妈妈基本上就可以安安稳稳地睡上4～5个钟头了，不会因为半夜喂奶而影响休息。

刚开始这样做时，宝宝或许不太习惯，到了吃奶时间就醒来。妈妈应改变过去一见宝宝动就急忙抱起喂奶的习惯，不妨先看看宝宝的表现。等宝宝闹上一段时间，看是否会重新入睡，如果宝宝大有吃不到奶不睡的势头，可先安抚或喂些温开水试试，说不定能让宝宝重新睡去。如果宝宝不能接受，那就只得喂奶了，等过一阵子再试试。其实，从营养角度看，白天奶水吃得很足的宝宝，夜间吃奶的需求并不大。

温馨提示

许多妈妈在这一时期该回单位上班了，但也尽量不要停止给宝宝喂奶，在妈妈上班的前1～2周由家人给宝宝试着用奶瓶喂，开始的次数少些，每周1～2次，让他慢慢适应用奶瓶喝奶。对于工作单位与家里距离过远的妈妈可以选择把母乳储存起来喂宝宝。

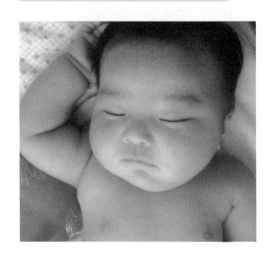

母乳分泌减少了

宝宝两个月后，妈妈的母乳分泌开始逐渐减少了。如果宝宝每次要吃奶的时间提前、次数增多，就表明宝宝的确没有摄入足够的母乳，妈妈的母乳不够了。

如果现在从食物上进补催乳，效果已经不太明显了。妈妈可以每天给宝宝添加一次配方奶，最好在母乳喂养后添加，配方奶也是按需喂养。这样，妈妈不会因减少喂哺次数而进一步减少泌乳量。如果宝宝每天增加的体重连20克都不到，妈妈就要酌情给宝宝增加配方奶的量和次数，但注意不要过量。

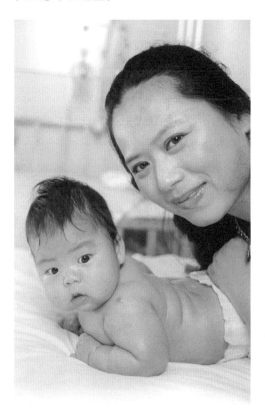

宝宝为什么厌食牛奶

在喂奶粉的宝宝中，有的宝宝上个星期还很爱喝牛奶，可是突然这个星期就不爱喝了。妈妈使尽了招数都无济于事，这是宝宝厌食牛奶的现象。妈妈要明白，宝宝厌食牛奶，可能是在给你发信号——牛奶喂养得过多了。

出现了厌食牛奶现象，多是因为宝宝在上个月里喝了过多的奶粉，肝脏和肾脏"工作疲劳"，需要休息了。据统计显示，这类宝宝的发育状况，绝大多数符合标准，身体也没有任何异状。

妈妈在接到"信号"后，就要注意了。首先不要着急，不要强行给宝宝喂牛奶，要让宝宝的器官休息一下。在调配奶粉时按照原有的要求再调稀一点，或者在晚上趁宝宝快睡着时喂他喝。如果宝宝还是不愿意喝，可以给宝宝补充容易消化的果汁或者水。经过10多天，宝宝就会重新喜欢牛奶了。

不要过早让宝宝吃米粉

在母乳不足的情况下，有些父母开始给宝宝添加米粉，但4个月以内的宝宝是不宜添加米粉的。因为此时宝宝唾液中的淀粉酶尚未发育，而胰肠淀粉酶要在宝宝4个月时才能达到成人水平。

4个月以后的宝宝可以适量添加米粉，但不能完全用米粉代替母乳或配方奶粉。因为米粉的营养成分根本无法满足宝宝生长发育的需要。市场上销售的米粉的主要原料是大米，其营养成分有：碳水化合物79%、蛋白质5.6%、脂肪与B族维生素各5.1%。

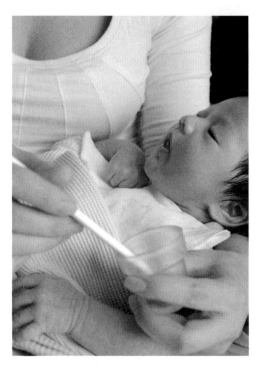

如果只用米粉代替母乳或其他奶制品长时间喂养宝宝，极有可能导致宝宝患蛋白质缺乏症。这样会严重影响宝宝的神经系统、血液系统及肌肉的发育，使宝宝的生长发育变得缓慢。另外，由于蛋白质的缺乏，宝宝体内的免疫球蛋白不足，容易患各种疾病。

爱心妈妈经验谈

我家宝宝快满4个月时，我第一次给她吃米粉，她很拒绝。每次勺子碰到她的嘴时，她就把嘴闭得牢牢的，要不大哭，要不就把米粉"噗噗"地往外喷，真是苦恼。后来到了6个月的时候，偶然想再给她试试，没想到她很快就接受了。

观察宝宝的排泄

宝宝的粪便是预测其健康状况的一个很好的凭据。妈妈要从对宝宝粪便的味道、辨色、形状上掌握宝宝的健康状况。一般来讲，吃母乳的宝宝的粪便呈鸡蛋黄色，有轻微酸味，每天排便3～8次，比吃配方奶的宝宝排便次数要多。吃配方奶的宝宝粪便水分少，呈黏土状，且多为深黄色或绿色，每天排便2～4次，偶尔粪便中会混有白色粒状物，这是奶粉没有被完全吸收而形成的。母乳和配方奶混合吃的宝宝，因母乳和奶粉的比例不同，粪便的稀稠、颜色和气味也有所不同。母乳吃得多的宝宝，粪便接近黄色且较稀；而奶粉吃得多的宝宝，粪便中会混有粒状物，每天排便4～5次。发现宝宝粪便异常，妈妈就要随时调理和治疗了。

温馨提示

如果爸爸妈妈不做适当调整而是一直强逼宝宝喝奶的话，恐怕会使宝宝极端地讨厌牛奶。因此，妈妈应体谅宝宝的心理变化，千万不要心烦，让宝宝的消化器官获得充分的休息。

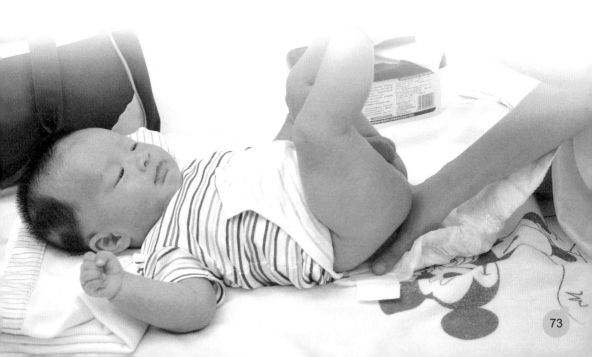

3~4个月

宝宝好抱了

宝宝4个月了，这一时期的生长速度有所减慢。但爸爸妈妈还是能感到，这时宝宝的身体不像之前那么软了，已经很好抱了。长时间地抱着他，胳膊还会感到有点酸疼。看来宝宝与出生时相比，无论体重或身高都增加了许多，身体也壮了许多。

宝宝的头看起来仍然较大，脖子挺得直直的，像个可爱的大娃娃，这是因为头部的生长速度比身体其他部位快。

极个别的宝宝在这时就已经开始长出1~2颗乳牙了，会流很多口水，父母可以准备一些纱布或是小毛巾为他擦拭。

宝宝第3~4个月发育速查表

性别	身长（厘米）	体重（千克）	头围（厘米）
男宝宝	65.7±2.3	7.76±0.86	42.2±1.3
女宝宝	64.2±2.2	7.16±0.78	41.2±1.2

温馨提示

宝宝的生长指数，既有共性也有个性，父母在进行对照时，要根据宝宝的实际状况进行分析研究，既不要因此而焦虑，也不能放松警惕而贻误治疗。

宝宝尝试"社交"

这个月的宝宝身体活动比上个月更加频繁，眼睛总是好奇地看着你，有一点声音就会转头寻找。宝宝好像还很想"社交"，试着咿咿呀呀地说话，微笑，努力表达自己的情感需求。父母在这个阶段要注意宝宝的情感，让他无时无刻不感受到你对他的爱。

宝宝手脚的运动逐渐协调了，两只小手可以自由地合拢和张开，互相玩弄，还会伸手去够眼睛看到的东西。握物时，不再显得笨拙，而是抓得比较牢。俯卧时宝宝的上身能完全抬起，头也能挺得很直，并且还能坚持几分钟。仰卧时，宝宝会把双脚高高举起，试图去踢吊起的小玩具。总之，这时的宝宝白天的睡眠时间明显减少，只要吃饱奶，身体就一刻不停地在活动。

不要急于添加辅食

这个时期是妈妈喂养"母乳"最顺手的时期，但许多人会建议在此阶段给宝宝添加辅食。其实，不用过于着急。关于哪个月给宝宝添加辅食，是没有硬性规定的，具体还是要看宝宝的情况。

这个月宝宝仍能够从母乳中获得所需营养，母乳充足的婴儿这个月可以不添加任何辅食。因为过早给宝宝喂养辅食并没有意义。我们建议妈妈再耐心点，不用着急添加辅食。

重要的营养物质

这一时期宝宝仍然需要大量的热能和营养素，如果此阶段满足不了宝宝生长发育的营养需求，极易引起营养不良或营养缺乏症。宝宝每天所需热量为每千克体重110千卡左右。这个月宝宝对各种营养成分的需求仍然可以从母乳或配方奶中获得。

继续摄入充足的维生素

宝宝对维生素的摄取有两个途径：一是来自母乳；二是为宝宝添加维生素制剂以及富含维生素的食物，像果汁、菜汁等。因此，用母乳喂养宝宝的妈妈，一定要注意营养，为自己，也为宝宝摄取足够的维生素。

为了使吃母乳的宝宝能够摄取足够的维生素，首先，妈妈吃的主食不应全是精米白面，而应粗细粮搭配，以增加乳汁中的维生素B。其次，妈妈每天要喝一定量的牛奶，这样对下奶和提高奶的质量都有好处。再次，妈妈应多吃含蛋白质、钙、磷、铁多的食品，如鸡蛋、瘦肉、鱼、豆制品等；多吃含维生素丰富的各种蔬菜，如青菜、菠菜、胡萝卜等。另外，菜汤能够使乳汁量又多营养又好，妈妈应多喝些菜汤，如鸡汤、鱼汤、排骨汤等。

如果用牛奶或配方奶喂养宝宝，要及时给宝宝添加维生素制剂以及含维生素的食物，如鱼肝油（浓缩维生素A、维生素D滴剂）等。用菜汁喂宝宝时，妈妈要选用新鲜嫩绿色的菜叶而不是选用嫩菜心来煮水。

喂养的次数和时间间隔

这个时期，仍然建议坚持按需喂养的原则。宝宝的吃奶次数一般是固定的，有的宝宝每天5次，夜里不用喂，有的宝宝在夜里要加1次。

一般来说，食量小的宝宝可以只吃母乳，但是对于食量大的宝宝来说，尤其妈妈上班后不能保证按需喂养，就需要添加配方奶了。但没必要把宝宝的食物全改成配方奶。

当必须给一向喝母乳的宝宝补充配方奶时，父母可以先试着给宝宝喂1次。调配150毫升，根据宝宝吃进去的情况估计以后冲调的量。此外，尽量不要一下子全改成配方奶，要观察有无不耐受的情况。如果宝宝很乐于接受，也没有不良反应，可按需添加。

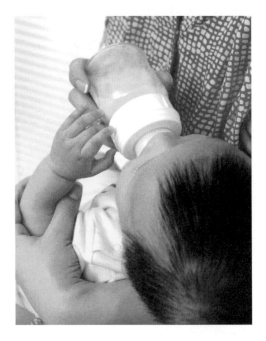

人工喂养的宝宝要添加哪些食品

喝配方奶的宝宝在这个月不需要添加任何食品，只喝奶就可以了。如果是牛奶或其他的奶类，可适当添加鱼肝油和钙。另外，还可以喂一些菜水、果汁，以补充维生素C，软化大便，使之易于排出。

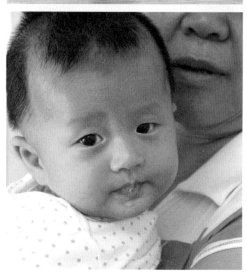

消化不良出现"稀便"

这个时期里，宝宝食用的食物基本上都是易消化的，如：母乳、牛奶、果汁。即使是添加菜汁、清汤、肉汤，也都是容易消化的。宝宝在这时的消化不良现象是指出现"稀便"。

"稀便"带有颗粒物，还有黏液，呈绿色，对于宝宝来说，是经常出现的。妈妈有时突然增多了泌乳量，或者牛奶过量喂给宝宝等，都会使得大便水分增加、次数多，形成"稀便"。如果宝宝身体没有不适，情绪也没不正常，是没有问题的。

如果宝宝排"稀便"了，还伴随有发热、不吃奶、吐奶、没有精神、体重减轻的情况，这时就要带宝宝看医生了，排除感染性疾病的可能。

怎样给宝宝喂果汁

给宝宝饮用原汁还是稀释果汁，主要是看宝宝是否便秘而灵活处理。满月后的宝宝，不便秘时可兑1倍的温开水。如果不加糖宝宝也愿意喝，最好就不要加；如果宝宝不太喜欢喝果汁，就可以稍加些糖；如果宝宝便秘，喝稀释的果汁无效时，可以改喂原汁，也可以增加量；如果宝宝特别喜欢喝果汁，对大便又没有任何影响，每天也可以喂2次，量也可以逐渐增加。但是，在这个月龄的宝宝，1次的量不能超过50毫升。

给宝宝喂果汁，要在吃奶1小时后进行，不可在喝奶后不久就喂。因果汁属弱酸性饮料，在胃内能使牛奶中的蛋白质凝固成块，不易吸收。

肥胖儿、瘦小儿与喂养有关系吗

从这个时期开始，应该逐渐养成喂养宝宝的良好习惯，如果喂养不当，容易出现肥胖儿和瘦小儿。

大多数妈妈总是怕宝宝吃不饱，宝宝已经几次把奶头吐出来了，妈妈还是不厌其烦地把奶头硬塞入宝宝嘴里，无奈之下，宝宝只好再吃两口，时间长了，就有3种趋势：一是宝宝的胃被逐渐撑大，奶量摄入逐渐增加，成了小胖孩。二是由于摄入过多的奶，消化道负担不了如此大的消化工作，干脆"罢工"了，这样就造成宝宝食量的下降，或者腹泻。三是由于总是强迫宝宝吃过多的奶，宝宝不舒服，形成精神性厌食。这种情况在婴儿期虽然不多见，但一旦形成了，会严重影响宝宝的身体健康，爸爸妈妈一定要避免。

4～5个月

眼神会追逐物体了

当宝宝面前滚动着一个皮球时，4～5个月的宝宝就会紧盯着皮球，皮球滚到哪儿，宝宝的视线就追逐到哪儿。如果宝宝头顶悬吊着一只气球，宝宝的眼睛又会随着气球的飘浮而左右转动。更好玩的是，给宝宝面前放一面镜子，宝宝看到镜子中的自己，误认为是个"小伙伴"，就张着小手去抱，脸上浮现出快乐的表情，对这个"小伙伴"亲昵备至。

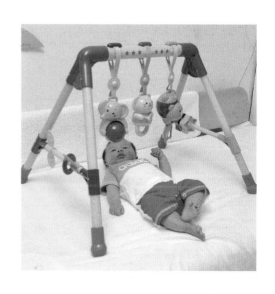

宝宝第4～5个月发育速查表

性别	身长（厘米）	体重（千克）	头围（厘米）
男宝宝	67.8±2.4	8.32±0.95	43.3±1.3
女宝宝	66.2±2.3	7.65±0.84	42.1±1.3

手眼有了协调能力

现在的宝宝，能用眼睛观察周围的物体了，而且对什么都感到新奇好玩，能在眼睛的支配下抓住东西，而且准确率很高。宝宝会把抓住的东西，翻过来倒过去地玩弄着，同时还目不转睛地看着，甚至还把东西从一只手转到另一只手上，有时又抬起小手把东西放到嘴边啃一啃，然后再拿下来看一看，好像在研究什么。这时候的宝宝，随着视觉和运动功能的不断发展，手和眼的反应已相当协调一致了。

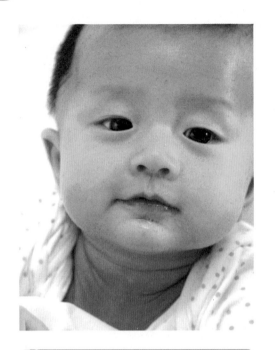

开始学说话了

这时候的宝宝，语音越来越丰富，还试图通过吹气、咿咿呀呀、尖叫、笑等方式来"说话"。爸爸妈妈说话时，宝宝的眼睛会盯着看，并学着爸爸妈妈的样子发出"喀、喀"的声音。宝宝还会练习使用他的小舌头，将它伸出嘴唇外发出"呸呸"的爆破声，而且越来越熟练。

这是因为宝宝发现人们在交流时，使用不同的声音，所以宝宝希望用他的这种声音和方式，吸引爸爸妈妈的注意，多抱抱他，多和他亲热亲热。

记忆力增强了

4～5个月的宝宝，只要一看到爸爸妈妈或者奶瓶，就眉开眼笑，手脚快活地舞动。这一切说明，宝宝已经有了自己的记忆。宝宝产生这种现象的原因，是由于爸爸妈妈和奶瓶在宝宝眼前出现频率最多，而且也给宝宝带来了欢乐和满足，所以宝宝对他们记忆深刻，一看见就高兴。

宝宝能够辨别味道

出生5个月的宝宝，舌头上已经形成感觉味道作用的味蕾，也是味觉发育和功能完善最迅速的时期。宝宝对食物味道的任何变化，都会表现出非常敏锐的反应并留下"记忆"。因此，宝宝能比较明确而精细地区别出食物酸、甜、苦、辣等味道。

宝宝有了咀嚼能力

这个月龄的宝宝，开始有了咀嚼能力。口中的3个唾液腺（耳下腺、颚下腺、舌下腺）已基本发育完全，经常会流口水，唾液中的酶开始能消化淀粉类食物，但这种能力还并不充分。宝宝的牙齿虽还处于萌出期，但有反复合拢牙龈的啃咬能力。宝宝在咀嚼时能刺激唾液腺分泌较多的淀粉酶，同时硬的食物接触牙龈，能促进牙龈发育，利于牙齿萌出。这个时期的宝宝如果不接触固体食物，咀嚼功能会因得不到锻炼而使发育停滞。

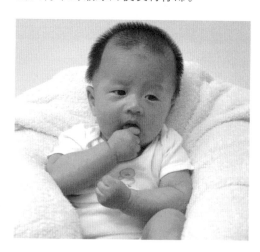

营养素的需求和月龄有关

营养素是宝宝生长发育不可缺少的物质。宝宝的营养素开始是由母乳或代乳品供给，到了四五个月时，就要部分从食物中摄取。营养素的量并不是摄取得越多就越好，而且各种营养素的量，还要按照宝宝身体的生长发育程度来定。这个时期的食物还只能叫辅助食品，不能喧宾夺主，完全取代母乳或配方奶。

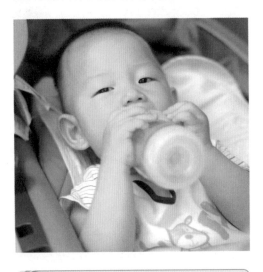

热量不必费心计算

宝宝的热量到底够不够？爸爸妈妈不必费心地去计算，这是很容易看出来的。如果宝宝体重、身高增长令人满意，说明宝宝摄取了足够的热量；如果宝宝很瘦小或发育很慢，在排除患病的情况下就有可能是热量不够。4~5个月的宝宝所需的热量多从母乳或奶粉中获得，从这个月龄开始可以部分从辅食中摄取，以后再慢慢地从固体食物中摄取。

给宝宝补充各种营养素

母乳及配方奶粉能提供给宝宝足够的钙质，不过宝宝吃母乳及牛奶会越来越少，所以应该给宝宝补充富含钙质的固体食物，如乳酪、优酪乳、全脂牛奶、豆腐等。

一天给宝宝吃2~4匙的谷类食品，就能提供基本的维生素、矿物质及蛋白质。谷类食物有全谷类麦片、米片、粥或面条等。

2~3大匙的南瓜、地瓜、胡萝卜、西蓝花、甘蓝菜、杏、桃做成的果蔬泥；或1/4杯甜瓜、芒果和水蜜桃汁，可以给宝宝提供均衡的维生素A。

只要1/5杯加有维生素C配方的婴儿果汁或橙汁、葡萄柚汁，或是1/5杯甜瓜汁、芒果汁、西蓝花汁，就可为宝宝提供充分的维生素C。

为了避免铁质缺乏症，应该每天给宝宝喂食以下几种食物之一：蛋黄、肉汤、小麦芽糊、麦片糊等。

如果宝宝还能再吃，不妨喂以下的食物，但不要同时喂宝宝，要慢慢地增加。1～2大匙苹果酱、香蕉泥、煮烂的豌豆或土豆泥。

爱心妈妈经验谈

我家宝宝的辅食是4个月大以后慢慢添加的，每一样辅食的添加都差不多要观察1周左右。而且医生建议，不要总是换辅食，比如1周里，如果连续3天都是果泥那就都是果泥，因为宝宝要到6个月以后消化系统才会比较完善，现在这个阶段还脆弱得很。

注意盐分和水分的摄入

现在，宝宝的肾脏还无法处理过量的盐分，过早养成口重的习惯容易导致日后患高血压，因此，宝宝的食物一般不加盐。大部分食物本身即含盐分，尤其是乳制品及蔬菜类，所以不必特意给宝宝补充盐。

宝宝四五个月以内，水分的来源多是配方奶粉或母乳，渐渐地宝宝需从其他食物中获取水分，如果汁、水果和蔬菜等。要注意的是，宝宝的水分补充，不要因为喂母乳或奶粉量的递减而减少，尤其在夏天，更要多喂水或稀释过的果汁。

其他维生素的补充

应给宝宝服用婴儿维生素及矿物质口服液。但每天不得过量，也不要服用未经医师许可的其他维生素、矿物质补充品。这个阶段的宝宝除了补充维生素和适量的钙剂，也要防止缺铁性贫血。

需要添加辅食的信号

6个月以后是给宝宝添加辅食的最佳时机，至于具体从什么时候开始，每个宝宝有所不同，你要仔细观察宝宝传递给你的"开饭"信号。

信号一：宝宝对成人的食物表现出兴趣。成人吃饭的时候宝宝有很"想要"的表情。

信号二：能够控制自己头颈部，接受你喂的流质或半固体食物。

信号三：宝宝吃饱后能用转动头部、闭嘴、推开食物表示"不要"。

信号四：宝宝的奶量较大，每天达1000毫升以上。

适合宝宝的辅食种类

适合宝宝的辅食	特点
半流质淀粉食物	如米糊或蛋奶羹等，可以促进宝宝消化酶的分泌，锻炼宝宝的咀嚼、吞咽能力。
蛋黄	蛋黄含铁高，可以补充铁剂，预防宝宝发生缺铁性贫血。开始时先喂1/4个为宜，可用米汤或牛奶调成糊状，用小勺喂食，1～2周后增加到半个。
水果泥	可将苹果、桃、草莓或香蕉等水果，用匙刮成泥（市场上有专为婴幼儿提供的水果泥）喂宝宝，先喂一小勺，逐渐增至一大勺。
蔬菜泥	可将土豆、南瓜或胡萝卜等蔬菜，经蒸煮熟透后刮泥喂给宝宝，逐渐由一小勺增至一大勺。
鱼类	平鱼、黄鱼、马鱼等，此类鱼肉多、刺少，便于加工成肉末。鱼肉含磷脂、蛋白质很高，并且细嫩易消化，适合宝宝发育的营养需要。但不要过早添加以免发生过敏。

添加辅食的原则

给6个月以后的宝宝添加辅助食品时，爸爸妈妈一定要耐心、细致，要根据宝宝的具体情况加以调剂和喂养。要按照由少到多、由稀到稠、由细到粗、由软到硬、由一种到多种的原则添加。如发现宝宝大便不正常，要暂停增加，待恢复正常后再增加。在炎热的夏季和身体不好的情况下，不要添加辅食，以免宝宝不适。

从少到多。如进食蛋黄时，开始先吃1/4个，4～5天后如宝宝大便正常，可增加到1/2个，最后增加到1个。

由稀到稠。吃谷类食物时，先吃米糊、稀粥，然后是稠粥、烂饭。

由细到粗。吃蔬菜时先吃菜泥，再吃碎菜。

由一种到多种。每次只添加一种辅食，待宝宝习惯后再添加另一种。如一次添加几种新食物，宝宝不能很好地消化吸收。此外，万一发生过敏或消化不良则不易分清究竟是何种原因引起的。

添加辅食应用小匙喂，而不应将米粉放在奶瓶中吸吮。添加谷物类食物如米粉之类，可用牛乳冲调成糊状，1匙米粉加4~5匙牛乳和少量糖。

爱心妈妈经验谈

当宝宝对蛋黄适应后，我就开始试着给宝宝喂水果泥或者菜泥，我更倾向于用研磨器做水果泥，因为这样做出来的水果泥不粗不细，正好适合宝宝吃，还可以锻炼咀嚼能力。而搅拌机做出来的果泥太细了，果肉和果汁没办法分离。

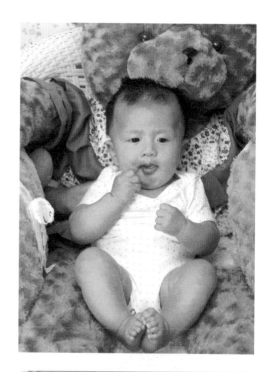

怎样让宝宝接受辅食

首先，应该在宝宝身体和情绪良好的情况下给宝宝喂食。妈妈要平心静气、面带微笑，营造出愉快的进食气氛，要用亲切的话语和欢乐的情绪感染宝宝，使宝宝乐于接受辅食；其次，辅助食品应在宝宝饥饿的状态下喂，这样，宝宝比较容易接受；另外，每次添加一种新食物都要在前一种食物完全接受后开始。每次先喂一勺，在勺内放少量流食，引诱宝宝张嘴，然后轻轻放入宝宝舌中部，食物温度应和保持体温接近或比体温略高一些。

大多数的宝宝能很快接受新的食物，而有些宝宝对于一种新的食物，常常要经过10~20次的尝试之后才接受。因此，爸爸妈妈一定要耐心地喂宝宝。

添加辅食先给宝宝练勺

妈妈可以先拿勺子给宝宝喂食，这也是让宝宝学会吃固体食物的关键，为添加辅食做准备。

由于宝宝一直吃母乳、牛奶、果汁等流食，还不能习惯固体食物。妈妈也不用单独再去给宝宝烹制固体食物让宝宝"练勺"，试着把每天要给宝宝的牛奶或果汁倒在小勺里，喂给宝宝就可以了。

习惯了乳头和奶嘴的宝宝可能在开始时对小勺不适应，但经过磨合，总会喝下去的。妈妈用勺喂一部分食物，剩下的还用奶瓶喂就可以了。

喂饭要点

喂饭时，爸爸妈妈不要用嘴边吹边喂，更不要把食物先在自己嘴里咀嚼后再吐喂给宝宝，这种做法极不卫生，很容易把疾病传染给宝宝。喂辅食时，要锻炼宝宝逐步适应使用餐具，为以后独立用餐具做准备。不要怕宝宝把衣服等弄脏，让宝宝手里拿着小勺，妈妈比画着教宝宝用，慢慢地宝宝就会自己使用小勺了。

怎样让宝宝吃蛋黄

6个月以后的宝宝容易缺铁，如果不及时补充铁，极易患缺铁性贫血。这个时候，就应该给宝宝吃含铁较丰富，又能消化吸收的食品，鸡蛋黄是最适合宝宝的。

鸡蛋有两种做法：一是将鸡蛋煮熟，取1/4蛋黄用开水或米汤调成糊状；二是在奶锅中放入牛奶，然后打进蛋黄，边用小匙顺时针搅，边用小火慢慢地熬，最后成为蛋奶羹。如果宝宝吃后，没有腹泻等不良反应，可逐渐增加蛋黄的量。

爱心妈妈经验谈

宝宝6个月之后，我开始用蛋黄喂他，最开始是把1/4个蛋黄碾碎兑水打成糊状用小勺喂，这样连续吃一周，看看有没有过敏反应，这时候宝宝的过敏反应主要体现在便便里，比如便便很稀，便水是分离的，就说明宝宝还不适应加辅食，适当停一停或者减量。宝宝适应以后开始酌情添加，比如，加到1/3甚至半个蛋黄，再观察一段时间。这个时候，蛋黄也可以冲到奶粉里或者米粉里，用小碗、小勺来喂。

给宝宝吃水果

水果既好吃营养又高，在宝宝进入6个月后，爸爸妈妈给宝宝补充点水果是很必要的，但选择水果也有学问。水果的品种繁多，它不仅富含维生素，有丰富的营养价值，而且还有防病、治病的作用，但如果水果吃得不当，也会致病。尤其对婴儿来说，消化系统的功能还不够成熟，吃水果尤其要注意，免得好事变成坏事。

适合宝宝吃的水果有苹果、梨、香蕉、橘子、西瓜等。苹果可收敛止泻；梨能清热润肺；香蕉可润肠通便；橘子可开胃；西瓜可解暑。

宝宝身体状况好的时候，爸爸妈妈可以每天选择1～2样水果，做成水果泥喂给宝宝。宝宝身体不适时，要根据宝宝的状况合理选择水果，这样不仅可以补充营养，而且还可以起到治病和帮助恢复的作用。如宝宝大便稀薄时，可用苹果炖成苹果泥喂给宝宝，有涩肠止泻的作用；如宝宝有上火现象时，可用梨熬成梨汁喂给宝宝，有清凉下火作用。但爸爸妈妈给宝宝吃水果时，也要掌握量的问题，要知道过多吃水果也会致病的。喂水果要适可而止、细水长流。如香蕉，甘甜质软，喂食又方便，宝宝特别喜欢吃，因此，最容易造成宝宝食用过饱，会出现腹胀便稀，影响胃肠道功能。

因此，爸爸妈妈在给宝宝选购水果时，最好对宝宝常吃的水果品种性质有一定的了解，一是有利于宝宝的消化吸收；二是方便喂食。

不要用水果代替蔬菜

水果是宝宝喜爱的食物，而且维生素含量不少，但矿物质含量则不如蔬菜多。爸爸妈妈不要认为，已经给宝宝喂了水果，就用水果代替蔬菜了，这是不科学和不可取的。应该给宝宝既喂水果，又喂蔬菜，二者不能相互代替。

给宝宝吃的蔬菜品种应尽量多些，以摄取各种不同的营养元素，如西葫芦、茄子、胡萝卜、小油菜、番茄、洋葱等。对经常便秘的宝宝可选卷心菜、萝卜、葱头等含纤维多的食物。

现在，市场有很多婴儿吃的小罐头、鸡肉松、鱼肉松等半成品销售。给这个月的宝宝喂食这些半成品，并不一定是最好的选择。如果有时间，妈妈自己做辅食，才更有质量保证。

不宜给宝宝吃的食物

父母在养育宝宝的过程中，要知道宝宝饮食方面的禁区，以免给宝宝的身体带来不必要的伤害。在这个月，要注意以下几点：

不宜给宝宝吃颗粒状食品，如花生米、爆米花、大豆等，避免宝宝吸入气管。

不宜给宝宝吃带骨的肉、带刺的鱼，以防骨刺卡住宝宝的嗓子。

不宜给宝宝吃不容易消化吸收的食物，如扁豆、生胡萝卜等。

怎样让宝宝摄入足够的维生素

宝宝对维生素的摄取有两个途径：一是来自母乳；二是为宝宝添加维生素制剂以及富含维生素的食物，像果汁、菜汁等。因此，用母乳喂养宝宝的妈妈们，一定要注意营养，为自己，也为宝宝摄取足够的维生素。

为了使吃母乳的宝宝能够摄取足够的维生素，首先，妈妈吃的主食不应全是精米白面，而应粗细粮搭配，以增加乳汁中的维生素B。其次，妈妈每天要喝一定量的牛奶，这样对下奶和提高奶的质量都有好处。还有，妈妈应多吃含蛋白质、钙、磷、铁多的食品，如鸡蛋、瘦肉、鱼、豆制品等；多吃含维生素丰富的各种蔬菜，

如青菜、菠菜、胡萝卜等。另外，菜汤能够使乳汁量又多营养又好，妈妈应多喝些菜汤，如鸡汤、鱼汤、排骨汤等。另外，妈妈要杜绝烟、酒、麻辣烫等辛辣刺激性的食物。在营养丰富的前提下，为了保证乳汁的分泌还需要有规律的生活，睡眠要充足，情绪要饱满，心情要愉快。这样一来，宝宝的饮食就有了可靠的保证。

妈妈们如果用牛奶或配方奶喂养宝宝，也要及时给宝宝添加维生素制剂以及含维生素的食物，如鱼肝油（浓缩维生素A、维生素D滴剂）等。用菜汁喂宝宝时，妈妈要选用新鲜嫩绿色的菜叶而不是选用嫩菜心来煮水喂宝宝。

据现代营养专家研究分析：绿叶蔬菜的营养价值以翠绿色为高，黄色次之，白色较差，同一种蔬菜也是色深的营养价值高。嫩菜心要比外部的深绿色菜叶差得多。妈妈做菜汁时，应先把菜叶子洗净、切碎，放入干净的碗中，再放在锅内蒸，取出后将菜汁滤出。有一些能压出汁的蔬菜如番茄，可直接做，不用蒸煮。做法是：选用新鲜成熟的番茄，洗净，用开水烫，去皮、去子，放入适量白糖，用勺背将汁挤出，滤出汁水，稍加温开水即可喂宝宝了。果汁也是吃配方奶的宝宝不可缺少的，市场上有专为宝宝做果汁的果汁机。在为宝宝做果汁的时候，妈妈要选新鲜的水果，比如苹果、桃、草莓等。果汁挤出来以后过滤，稍加温开水就可以喂宝宝了。

怎样给宝宝选择围嘴

从第4个月起，有的宝宝就会开始长牙了。由于宝宝的唾液分泌增多且口腔较浅，加之闭唇和吞咽动作还不协调，宝宝还不能把分泌的唾液及时咽下，所以会流很多口水。这时，为了保护宝宝的颈部和胸部不被唾液弄湿，可以给宝宝戴个围嘴。这样不仅可以让宝宝感觉舒适，而且还可以减少换衣服的次数。围嘴可以到宝宝用品商店去买，也可以用吸水性强的棉布、薄绒布或毛巾布自己制作。值得注意的是，不要为了省事而选用塑料及橡胶制成的围嘴，这种围嘴虽然不怕湿，但对宝宝的下巴和手都会产生不良影响。宝宝的围嘴要勤换洗，换下的围嘴每次清洗后要用开水烫一下，最好能在太阳下晒干备用。

宝宝过于依赖奶瓶怎么办

等宝宝6个月大以后，就要开始学习用水杯饮水，在此之前，爸爸妈妈可以用下列方法，提前让宝宝适应没有奶瓶的日子。

限制宝宝用奶瓶的时间、地点和频率。一天只给宝宝使用2～3次奶瓶，正餐间的点心或饮料则放在杯子里供应。

奶瓶中不装好喝的牛奶和果汁，只装白开水。这也有可能减低宝宝对奶瓶的兴趣，并能保护宝宝的牙齿。

最后，宝宝终将抵不住爸爸妈妈温暖的搂抱，而自愿放弃用奶瓶。当然，这需要一个过程。要想让宝宝彻底放弃奶瓶，还有一定的难度，但至少也可将长期用奶瓶对宝宝所能造成的伤害降到最低程度。

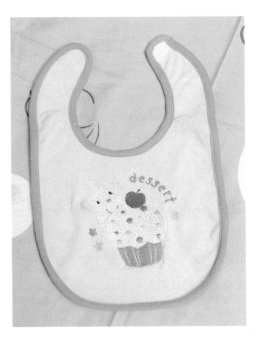

5～6个月

身高、体重增长放慢了脚步

宝宝在第6个月的发育特点是身体发育减慢，但比上个月又有进步。这个月里，宝宝身高平均增长2厘米左右，体重可以增长450克～750克，头围增长的数值也不大，从外观难以看出，一般可增长1厘米。

温馨提示

用母乳或者牛奶喂养的宝宝，即使增加辅食，每天的奶量仍要保持在500毫升～600毫升。

宝宝第5～6个月发育速查表

性别	身长（厘米）	体重（千克）	头围（厘米）
男宝宝	69.8±2.6	8.75±1.03	44.2±1.4
女宝宝	68.1±2.4	8.13±0.93	43.1±1.3

宝宝的感觉、智力发育迅速

虽然宝宝体格生长变化不如之前那样快了，但感觉发育、智力水平却提高很快。这一时期是父母和宝宝增进感情的好时机，也是开发宝宝能力的好时机。

宝宝的感情变得丰富起来，他的情绪会被你的行踪左右着，当你在宝宝身边时宝宝会很快乐，而你离开时他就变得很烦躁。

不同玩具的功能和声音，宝宝也可以区分出来，他会追逐玩具发出的声响，当一个玩具从宝宝面前消失时，他会寻找它数秒。

宝宝开始不安分了

在这个月，宝宝的运动能力又进了一步，手脚与眼、口的协调能力也在快速进步，如果你把吃饱喝足的宝宝放在床上，宝宝已经不愿意像以前那样顺从地躺着了，而是身体一耸一耸地，很快从仰卧位翻到侧卧位，又从侧卧位翻到俯卧位。

现在，宝宝能够自由地使用双手了，并且手、眼、口已经配合得比较自如了。宝宝能将一块积木从右手传给左手，右手再拿第二块。宝宝还能自己吃东西，不但能吃手指，还把抓握着的东西往嘴里送。

这个月的宝宝仍然不会说话，但已进入咿呀学语阶段，对语音的感知更加清晰，发音变得主动，会不自觉地发出一些不很清晰的语音。只要不是在睡觉，宝宝嘴里总是不停地"说着"。

 温馨提示

妈妈在做什么事情之前，都应该说"妈妈要干什么了"。让宝宝知道你就是他的妈妈，把语音和实际结合起来，宝宝会快速学会发音，并能运用它。同样道理，爸爸做什么也要告诉宝宝。这个阶段婴儿学习语言的最佳途径，仍然是爸爸妈妈多说，宝宝多听。看到什么说什么，不断反复地说，并让宝宝看见、摸到，让宝宝不断感受语言，认识事物。

母乳、其他乳制品为主

第6个月是增加辅食品种，满足宝宝更多食欲的好时机。因为宝宝在本月以前已经有了一段时间的辅食经验了。对于辅食，他不再是一无所知，能清晰地感觉出小勺里的食物和奶嘴里的食物完全不同。

6个月大的宝宝，一天的主食仍是母乳或其他乳制品。不仅是因为母乳等含有一定的、宝宝所需的营养，还因为奶类食品好消化、好吸收，已经被宝宝的消化系统习惯了，吸收其他食物还需要一个适应过程。一昼夜仍需给宝宝喂奶3~4次，如果是喂牛奶，全天总量不应少于600毫升，同时不应超过1000毫升。晚餐可逐渐以辅食为主，并循序渐进地增加辅食品种。

辅食的种类

固体食物 粥、烂面、小馄饨、烤馒头片、饼干、瓜果片等，可以促进宝宝牙齿的生长，并锻炼咀嚼吞咽能力，父母可让宝宝自己拿着吃，以锻炼手的技能。

杂粮 杂粮的某些营养素高，有益于宝宝的健康生长。父母可以让宝宝吃一些玉米面、小米等杂粮做的粥。

动物性食物 可以给宝宝吃整只蛋黄、鱼泥，或增添肉松、肉末等。

摄取铁是本月的侧重点

宝宝在这个阶段最容易缺乏钙、铁、锌，尤其是铁。宝宝出生时从母体里带来的铁，已经在这个月消耗得差不多了，为了避免宝宝因缺铁而引起贫血，宝宝要从辅食中进一步获取铁。

父母可以给宝宝食用鸡蛋黄来达到补铁的目的。鸡蛋黄中含有丰富的铁质。父母可以每天先喂1/4个蛋黄，逐渐到1/3个、1/2个、1个，这个阶段不能喂全蛋。动物肝脏、瘦肉末等也是获取铁的来源。

对于只喝牛奶不吃其他辅食的宝宝，要注意选择强化铁的奶粉。

钙、磷、镁、氟帮助牙齿发育

钙、磷、镁、氟对宝宝牙齿的正常发育和密度增大有很好的帮助作用；其中，适量的氟能够增加乳牙的抗腐蚀能力，可以预防龋齿。这些矿物质可以从母乳、配方奶、豆腐、胡萝卜中获取。

温馨提示

父母要注意在给宝宝添加钙剂时，不要与菠菜、油脂类食物一起吃，因为菠菜经油脂分解后，生成脂肪酸，很容易与钙结合，使钙不易被吸收。

维生素的好处

在宝宝快长牙的这一时期里，维生素A就很重要了。缺乏它，宝宝出牙会延迟，牙釉质细胞发育也会受到影响，使牙齿变色。此外，维生素A还能增强宝宝的抵抗力。胡萝卜泥、肝泥、蛋黄泥中含有丰富的维生素A。

足够的维生素C与铁配合，能够确保铁的良好吸收。同时，缺乏了维生素C，对宝宝的牙齿也会有影响，牙龈容易水肿、出血。新鲜的瓜果蔬菜中含有丰富的维生素C。

我们一直在强调维生素D对牙齿和骨骼的重要性，在宝宝长牙之前的这一时期里，父母要重视维生素D。缺乏维生素D会使宝宝出牙晚，牙齿小且间隙大。从牛奶、乳酪、鱼类、小虾、蛋黄等食物中或通过晒太阳，都可以补充丰富的维生素D。父母还可以给宝宝添加含有维生素A和维生素D3：1的鱼肝油，每天添加4～5滴。

温馨提示

父母要对宝宝的断奶过程有正确的认识，添加辅食的目的是让宝宝逐渐习惯母乳、牛奶之外的食物，补充奶类营养素的不足。辅食使宝宝逐渐过渡到一般饮食，并不是要强制宝宝停止喝奶，即使停止喂母乳，牛奶及其他奶制品仍是这一阶段宝宝的主食。

添加辅食不要影响母乳喂养

这个月龄宝宝的喂养中要注意，添加辅食不能影响母乳喂养。母乳仍然是这个月婴儿最佳的食品。上个月不爱吃辅食的宝宝，这个月有可能仍然不太爱吃辅食。但大多数母乳喂养儿到了这个月，就开始爱吃辅食了。

如果宝宝把喂到嘴里的辅食吐出来，或用舌尖把饭顶出来，用小手把饭勺打翻，把头扭到一旁等，都表明他可能不喜欢这种辅食。你要尊重宝宝的感受，不要强迫。等到下次喂辅食时，更换另一品种。如果宝宝喜欢吃了，就说明宝宝暂时不喜欢吃前面那种辅食，一定先停一个星期，然后再试着喂宝宝曾拒绝的辅食。这样做，对顺利过渡到正常饭食有很大帮助。

辅食要以肉蛋、果汁、汤类为主，不要以米面为主。同时还应注意粮食和肉蛋、蔬菜、水果的比例，制作精细可口些。

成人饮食不适合宝宝

如果能够充分利用成人饮食，有选择地作为婴儿的辅食品，可以省力。但事实上，成人饭菜在咸淡、油量、生熟、品种和形式上，是不适宜婴儿的。婴儿应该少吃盐，也不适宜吃较多的油，尤其是动物油，应该吃熟烂的饭食。有的食品不适宜婴儿食用，如辛辣、带刺、带筋的食品。婴儿更适宜食用汤类、羹类、粥类等食品，不适宜吃干饭、煎、炒、炸等食品。

甜甜的点心不宜过量

这时的宝宝会对点心、饼干之类的甜食流露出兴趣，许多妈妈会给宝宝一块饼干或者威化之类的。虽然这时的宝宝还没有长牙，就算是吃了含糖类的食物，也不用担心长龋齿。但是如果宝宝在这时形成了爱吃甜食的习惯，等到长出牙后就不好控制了，所以父母最好喂给宝宝含糖不多的点心。

宝宝用牙床咀嚼

宝宝虽然快长牙了，但还不能咀嚼食物，应尽量给他选择软的，可以用舌头和牙床碾碎的食物。可以将豆腐、熟土豆、蒸蔬菜、面条捣碎或切细后喂宝宝。宝宝发育还离不开鱼肉、鸡肉、牛肉等蛋白质丰富的食物，这些也应该切碎，和蔬菜一同煮烂后喂宝宝。

此时，并不是说宝宝不能接受稍微有点儿硬的食物，宝宝的颌骨和牙龈的发育程度，已经可以咀嚼软固体食物了。宝宝在这时经常咀嚼稍带有硬度的食物，对乳牙和颌骨是有帮助的，因为提高咀嚼功能是预防牙齿畸形的途径之一。

警惕宝宝食物过敏

这个月龄的宝宝可以添加一些辅食了，但要注意食物过敏的问题。未满周岁的宝宝容易出现食物过敏，因此在增加新的辅食品种时，一定要把每种食物分开添加，以免分辨不清导致过敏的原因。在添加每种新食物时，要先试着少量添加，注意观察宝宝有没有过敏反应，如腹泻、呕吐、皮疹等，一旦出现这些症状，要马上停止喂这种食物。如果耐受良好，可逐渐加量。

吃得过多、过杂

如果宝宝没有上面的不适，就要想想是否给宝宝的食物过多、过杂，父母应在下次喂时减少量和种类。如宝宝大便有番茄或胡萝卜，水分挺多，说明番茄和胡萝卜过量。

以前在治疗宝宝腹泻时主张完全禁食，经过实践证明这样做并不科学。因为腹泻后长时间禁食，会使宝宝损耗能量更大，难以恢复。人工喂养的可以将奶冲稀，少量多次喂养；母乳喂养的更不应停止喂奶，因为母乳中含有吞噬细胞和溶菌酶类，对有害微生物有抗菌作用，乳清蛋白也能抑制有害菌群繁殖。宝宝腹泻时要以奶为主，不要再添加辅食了。在腹泻好转的过程中，冲奶需慢慢恢复到正常浓度。

寻找腹泻的原因

宝宝在添加辅食后，有时会"腹泻"，父母不用急着带宝宝看医生或者用药。因为宝宝"腹泻"的原因有很多，父母应仔细寻找原因再作处理。

由细菌或病毒引起的腹泻

这种情况多是因为父母在制作辅食时，消毒不彻底，使痢疾杆菌、大肠杆菌等侵入宝宝身体，使宝宝出现发热、精神不佳、不喝奶等情况。

营养食谱

香蕉奶昔

◀ 用料 ▶

牛奶 200 克，香蕉半根，橙子半个。

◀ 做法 ▶

①将香蕉、橙子去皮，一起放入搅拌容器中搅拌。

②搅拌至黏稠状时，将牛奶倒入，搅匀。可以小勺喂食。

说明：

此奶香甜适口，含有丰富的蛋白质、碳水化合物和维生素 A、维生素 C 等多种营养素。制作中，香蕉、橙子一定要搅至黏稠糊状，不能带颗粒。

◀ 用料 ▶

鸡蛋黄 1 个，南豆腐 20 克，骨汤 150 毫升，小葱末适量。

◀ 做法 ▶

蛋黄打散，南豆腐捣碎，骨汤煮开放入豆腐，小火煮熟，适当进行调味，并撒入蛋花，最后点缀小葱末。

说明：

说明：能提供维生素 A、维生素 E 和丰富的钙，铁等。如果宝宝是乳糖不耐症体质，可以用豆制品来代替配方奶。同时注意相比配方奶的进食量需要多吃一些，以达到同量配方奶所含的钙量。

蛋花豆腐羹

一日饮食参考

06：00～06：30

母乳、牛奶或配方奶250毫升，饼干3～4块

09：00～09：30

米粉加蛋黄1个，菜泥或果泥适量

12：00～12：30

粥1碗（约20毫升）加碎菜、鱼末、豆腐

15：00

苹果或香蕉1/2～1个（刮泥）

15：30～16：00

母乳、牛奶或配方奶200毫升、面包一小块

18：00～18：30

烂面条1碗（约40毫升），加肉末、碎菜

20：00～21：00

母乳、牛奶或配方奶220毫升

营养食谱之牛奶鸡蛋糊

用料

牛奶250毫升，1份鸡蛋黄。

做法

①把牛奶倒入奶锅中，把蛋黄打进去。

②开小火，按顺时针不停搅动牛奶，直至冒起小泡成为奶糊，凉凉后可以喂给宝宝。

说明

要在开火前把蛋黄和牛奶搅匀，一定要按同一方向搅动，否则会出现块状，还容易煳锅底。

营养食谱之奶藕羹

用料

牛奶150毫升，藕粉50克，水适量。

做法

①将藕粉用水调成糊状。

②把牛奶和藕粉糊倒入锅中，用微火边煮边搅动，直至搅成透明即可，凉凉喂给宝宝。

说明

晶莹剔透，香味扑鼻，营养丰富。藕粉要事先用水调好，否则直接倒入锅中会凝结成块，不易搅开。藕粉含有丰富的蛋白质以及多种维生素，虽然有营养，但不要给宝宝吃得太多。

6～7个月

身体发育趋于平缓

这个时期的宝宝，身体发育开始趋于缓慢，但总体呈增长趋势。身高平均增长2厘米。与身高相比，体重有很大的波动，体重平均增长450克～750克，头围平均增长1厘米。

宝宝第6～7个月发育速查表

性别	身长（厘米）	体重（千克）	头围（厘米）
男宝宝	71.6±2.5	9.10±1.0	44.5±2.0
女宝宝	70.0±2.5	8.60±0.97	43.4±1.9

宝宝的表情越来越丰富

这个月龄里，宝宝的主要发育特点是表情越来越丰富。宝宝高兴或不高兴时，都会把情绪"写"在脸上，有经验的妈妈还能通过宝宝的表情或眼神，就能判断宝宝是要吃还是要撒尿，或是要睡觉了，还是想到外面去。

宝宝开始认生了

这个阶段的宝宝明显认生了。有的宝宝在熟悉的环境、熟悉的人面前，活泼可爱、稚气十足。一旦家里来了陌生人，宝宝就会害怕得躲进妈妈的怀抱里，既不敢看又不让抱。

这个月的宝宝在屋里待不住了，他会用小手指着到室外的门，眼睛盯着，在妈妈怀里向门的方向使劲，会表现出要出去的神情。

进入这个月，宝宝逐渐能够独坐了，并开始学习爬行，甚至站立，对身边的事物自然也就更加感兴趣了，对什么都感到新奇。宝宝的观察和倾听能力有了进一步发展，对于周围环境中鲜艳、明亮的活动物体都能注意到，有时也会积极地响应。

开始理解语言

尽管宝宝现在还不会说话，但父母却发现，有时爸爸妈妈常说的一些话，宝宝都能听得懂。当你说"小皮球在哪儿？"宝宝会用眼睛看或用手指向小皮球，并发出"哦""哦"的声音，似乎在告诉你"小皮球在这里"。

这是因为宝宝现在已经基本能够把感知的物体、动作、语言、表情都联系起来，储存在大脑中形成印象，在下一次遇到这种情况时，宝宝就能理解，并作出相应的反应。

手的操作能力更灵活

宝宝手的操作能力更加灵活了，有时两只手可以同时运用，把一些东西弄得到处都是，给妈妈带来麻烦。但妈妈不要制止，因为这样做可以使宝宝的手部精细动作能力得到锻炼，过一段时间，他就可以自己用小勺吃东西了。

宝宝出牙了

宝宝出牙的快慢各有不同，有个体差异。许多宝宝从这个月起，下面的两颗门牙就露出来了，但也有的宝宝要快到1岁时才出牙。出牙期间，宝宝表现出口水更多，牙床发痒，抓住什么咬什么，以及情绪不如从前，睡眠不好，喝奶没有从前多的现象，因为出牙还是有点痒或疼痛的感觉。妈妈可以给宝宝磨牙器或是磨牙棒，让他放在口中咀嚼。

出牙早晚与营养的关系

健康的宝宝，一般在出生6～7个月开始出牙。宝宝出牙的早晚取决于遗传因素、妈妈在孕期的营养、宝宝出生后的营养，以及喂养方式等。如果宝宝没有其他疾病，只要注意合理喂养，多吃含钙丰富的食品，及时添加蛋黄等辅食，多晒太阳，宝宝的牙齿自然会长出来，即使迟一点出牙也没有关系。

部分宝宝骨骼发育较迟，出牙也可能较迟，这种情况一般是由缺钙引起的，因为钙质有助于骨骼的发育和长牙。如牛奶、蛋黄、豆制品、芝麻酱、虾皮、海带、果仁、绿叶蔬菜等，含钙都多。做菜加醋有助于食物中钙的溶解和吸收。如果是由于患佝偻病引起出牙迟，应到医院诊治。

温馨提示

父母要注意在给宝宝添加钙剂时，不要与菠菜、油脂类食物一起吃，因为菠菜经油脂分解后，生成脂肪酸，很容易与钙结合，使钙不易被吸收。

添加有营养的辅食

宝宝食量有限，在辅食的选择上，父母不要随便添加，而应选择有营养的辅食。比如，给宝宝添加的辅食不要限于以碳水化合物为主的米粉面糊，而是要辅以富含蛋白质、维生素、矿物质等营养素的食品，比如，蛋、肉、蔬菜、水果等。所以，给宝宝喂了多少粥、多少面条、多少米粉作为添加辅食的标准是不对的。

这个时期称为转乳期，其辅食添加的原则是谷类粥或烂面为主（产生消化和吸收食物的热量），辅助添加蛋白质较多的豆类、肉类、鱼和蛋，以及供给热能的油脂，含有丰富矿物质、维生素的蔬菜、水果。一般谷物与豆、肉、蛋的比例是2：1或3：1。

爱心妈妈经验谈

夏天天热，我给宝宝准备了清淡的粥和开胃小菜，并适当给他吃些时令水果。粥类食品易于消化，既能帮助补充因大量出汗所消耗的水分，还能快速补充血糖和能量，是夏天里宝宝不错的主食。

宝宝可以吃点盐了

食盐中所含的钠和氯，是人体内必需的无机元素，可起到调节生理功能的作用。因母乳、牛奶中均含有一定量的钠、氯成分，已能满足宝宝的生理需要。宝宝出生6个月后，其肾脏已发育得较为完善，能将进入体内的多余的钠和氯等物质排出体外。根据这一生理特点，宝宝应满6个月龄后再开始吃咸食。

每日用盐量为：1周岁以下的宝宝不应超过1克，月龄越小，用量应越少。1岁以后可逐渐增加到2克左右。2岁以上宝宝渐与成人同食，应注意口味不要过重。

出牙时拒食的喂养方案

7个月的宝宝出牙了，可妈妈有时发现，宝宝在吃奶时与以前不同。有时连续几分钟猛吸乳头或奶瓶，一会儿又突然放开奶头，像感到疼痛一样哭闹起来，反反复复，这时如果给宝宝点儿固体食物，宝宝就会很高兴地吃起来。

造成这一拒食现象的原因是，宝宝牙齿已经破龈而出，其吸吮的奶头碰到了牙龈，使牙床疼痛。

爸爸妈妈可以想办法缓解宝宝的拒食现象。

宝宝出牙期间，爸爸妈妈可将宝宝每次喂奶的时间分为几次，间隔当中，给宝宝喂些适合的固体食物，如饼干、面包片等。如果宝宝用奶瓶，可将奶嘴的洞眼开大一些，使宝宝不用费劲就可吸吮到奶汁，这样就不会感到过分疼痛。但妈妈应注意，奶嘴的洞眼不能过大，以免呛着宝宝。如果按以上的方法喂养，宝宝仍然拒食，则可改用小匙喂奶，这样会改善宝宝的疼痛状况，使其顺利吃奶。

面包牛奶粥好于米粥

给宝宝添加米粥只是让宝宝逐渐适应日后的一般饮食，对于宝宝来说，其中所含的身体必需的营养物质并不多。所以父母每天给宝宝喂一次就可以了。用添加了面包的牛奶粥喂宝宝其实更好，毕竟牛奶中的营养成分要多于米粥。

鸡蛋、鱼类要及时添加

及时给宝宝添加鸡蛋和鱼类等食物，对宝宝的正常成长很有帮助。上个月，宝宝已经开始逐渐习惯吃这些食物了，这个月就可以吃鱼或动物肝脏等食物了。

蛋黄可以吃一整个了，可以蒸成羹，也可以做成蛋汤之类的食物，还不急于让宝宝吃全蛋，以免过敏。鱼要选择带白肉的，但不要选择有较多鱼刺的。动物肝脏中，鸡肝是不错的选择，但不用每天都喂给宝宝。

宝宝爱吃水果

宝宝一过半岁，一般的水果基本上就都能吃了，把香蕉、苹果、桃子、梨、草莓等水果碾碎或捣成泥喂给宝宝，也可以榨成果汁给宝宝喝。

给宝宝吃水果时，可把苹果、梨、水蜜桃等水果切成薄片，而香蕉、葡萄、橘子可让宝宝用手拿着整个的吃。这样既锻炼了宝宝的抓握能力，又培养了宝宝自己吃食物的兴趣，可算是一举两得。

市面上卖的果汁甜甜的，有时宝宝会一直要喝，父母要注意不要喂过量，如果比奶喂得还要多，很容易引起宝宝腹泻、腹胀，果汁中糖分较多，不宜大量食用，更不能每天给宝宝把果汁当水喝。

不要忽略补水

这个时期的宝宝，不仅吃母乳、牛奶，而且还添加了辅食。食物结构和种类的变化，使宝宝对水的需求也增加了。宝宝每天需要喝多少水才合适呢？其实，喂水量没有统一的规定，要因不同宝宝、不同地区、不同情况合理地给宝宝喂水。

许多妈妈或爸爸认为，宝宝对水的要求大概与成人差不多，这是不正确的。宝宝的生理构造自有其特点，并不是成人的缩影。婴幼儿的尿液浓缩能力比成人差，利尿速度慢，排酸能力等也有限，这些实际存在的生理发育情况，是每一个爸爸妈妈都应该考虑的。如果是居住在北

方，在冬天，由于天气多风、气候干燥、室内温度偏高等因素，要及时给宝宝补充水分。特别是在宝宝发热、腹泻、失水过多时，更需要减少食物营养素而多补充水分。只有依靠水的作用降低体温、补充液体，顺利地排泄有害物质，才能缩短病程，尽快恢复宝宝的身体健康。父母可以通过喂给宝宝白开水、菜水、果汁，来满足宝宝体内对水分的需求。在宝宝饮食前后，或者外出后，或者宝宝尿液颜色很深时，都要补水。尤其是夏天，天气炎热，宝宝经常出汗，父母要注意及时给宝宝补充水分。

 爱心妈妈经验谈

夏天宝宝出汗多，体内的水分流失也多。宝宝对缺水的耐受性比成人差，因此，妈妈一定要注意及时给宝宝补水。我就是在夏天最初几天没有注意，才导致宝宝上火、便秘。后来给宝宝多喝凉开水，不仅能解暑、缓解便秘，对宝宝平时的饮食也很有帮助呢。

 温馨提示

爸爸妈妈每次给宝宝喂水时，要本着"勤喂、少喂"的原则，不要硬性给宝宝规定喝水量。即使宝宝缺水严重也不要一次喂得太多，水温要适中不要太热，以免损伤宝宝的口腔黏膜。

选择适宜的断奶时间

这里所说的断奶，指的是停止喂母乳，改喂配方奶粉。在什么时候给宝宝断奶，一般根据宝宝的具体情况来定。有的宝宝虽然已经到了断奶时间，但不喜欢吃牛奶以外的其他食品，爸爸妈妈喂宝宝的时候，宝宝会用舌头将喂进嘴里的东西吐出来，反复喂都喂不进去。如果是这样，就不要再硬性给宝宝喂食了，这就说明，宝宝现在开始断奶还为时过早。

若是宝宝看见其他人吃东西就跃跃欲试，或伸手去抓盛米粥的勺子，表现出很想要的样子时，就可以慢慢地开始给宝宝断奶了，而且断奶会比较顺利。

总之，能否成功断奶，并不取决于宝宝已经长到5个月或6个月，体重已达到6千克或7千克，而取决于宝宝自身是否有想吃辅食的愿望。如果无视宝宝的主动性，爸爸妈妈的辅食做得再好，也不会达到让宝宝顺利断奶的目的。

断奶不等于停乳

世界卫生组织建议，如果条件允许，母乳喂养可持续到2岁。许多人觉得，妈妈在这个阶段要上班了，宝宝也大了，就把母乳停掉了，转成配方奶了。其实，如果条件允许，并不提倡断奶。即便一直人工喂养的宝宝，此时奶制品仍应是其营养的主要来源。绝不能用米粥、鸡蛋等食物来完全代替乳类。

完全停乳，对于宝宝来说，无法摄取到足够的营养。所以，这一时期称为断奶期是不科学的。有的宝宝在逐渐喜欢上

母乳、牛奶之外的辅食后，会不吃奶了，妈妈乳汁的分泌也逐渐减少，在不知不觉中完成了断奶。但也有的宝宝，一直依赖于母乳不肯舍弃。

这个阶段的宝宝并不适合强行断奶，尤其对于乳汁分泌很充足的妈妈来说，也没有必要给宝宝强行断奶。妈妈应该循序渐进，宝宝到了1岁后，自然会逐渐断奶。而且宝宝在吮吸母乳时，会得到很大的满足和快乐，妈妈也应该让宝宝得到这种快乐。

喂奶前先吃些辅食

喂母乳的宝宝有时接受辅食要比人工喂养的困难些。可在喂奶前先吃点辅食，如米糊、稠粥或煮得熟烂的面条等食品，刚开始不要太多，不足的部分再用母乳补充，等宝宝习惯后，可逐渐用一餐来代替一次母乳。食欲好的宝宝，每天可喂两顿辅食，包括1个蛋黄、适量的蔬菜及鱼泥或肝泥和肉末。注意蔬菜要切碎。

添加辅食顺利的宝宝，对辅食已经很熟悉了，妈妈和看护人也基本掌握了宝宝吃辅食的习惯。对于这样的宝宝，可继续按照自己的习惯喂养，只要生长发育很正常，并不追求形式上的统一。

给宝宝吃的转乳食品应包括蔬菜类、水果类、肉类、蛋类、鱼类等。由于7个月时，宝宝已开始萌出乳牙，有了咀嚼能力，同时舌头也有了搅拌食物的功能，味蕾也敏锐了，对饮食越来越多地显出了个人的爱好，喂养上也随之有了一定的要求。因此要多掌握几种饮食的做法，让宝宝吃得更加可口。

如果宝宝吞咽能力很好，可给面包或磨牙饼干让他自己拿着吃，既可增加宝宝进食兴趣，也可锻炼动手能力。

有的宝宝已经会吞咽半固体食物了，可有的却一点也不会。先给宝宝喂流质的辅食，然后再慢慢地添加半固体食物。

有的宝宝一天吃两次辅食也用不上1小时。可有的宝宝喂一次辅食就要花一个多小时的时间。这可能说明宝宝不喜欢这种辅食，妈妈可以考虑换辅食。此外，最好不要让宝宝养成一次饭吃1个小时的习惯。

奶仍是主要营养来源

添加了辅食的宝宝，如果奶量锐减，每天连500毫升都达不到，那就要适当减少点辅食，增加奶的摄入量。因为奶仍是这个月宝宝的主要营养来源。

如果是母乳喂养，可以在傍晚或前半夜，宝宝醒了或换尿布时喂1~2次。如果后半夜宝宝醒了但不哭闹，换完尿布2~3分钟就睡了，就没有必要给他吃母乳了。

炎热的夏天里，宝宝的食欲下降，食量也会跟着减退，但也有的宝宝情绪不错，还会吃得不少。这些妈妈都不用过分限制和担心，只要不是吃得过少或过多，都应该让宝宝自己随便吃。

保护宝宝的乳牙

有的宝宝在这个时期就开始萌出第一颗乳牙。乳牙长得好坏，对宝宝的咀嚼能力、发音能力和日后恒牙的正常替换及全身的生长发育是有一定影响的，父母要注意宝宝乳牙的护理。

父母可以给宝宝一些如苹果、梨、饼干等食物或磨牙棒、牙胶，让宝宝咀嚼，刺激牙龈，帮助乳牙萌出。宝宝的乳牙萌出后，餐后和睡前，父母都要让宝宝适当喝些白开水以清洁口腔。尽量训练宝宝使用口杯，以免因使用奶瓶时间过长而影响乳牙健康。

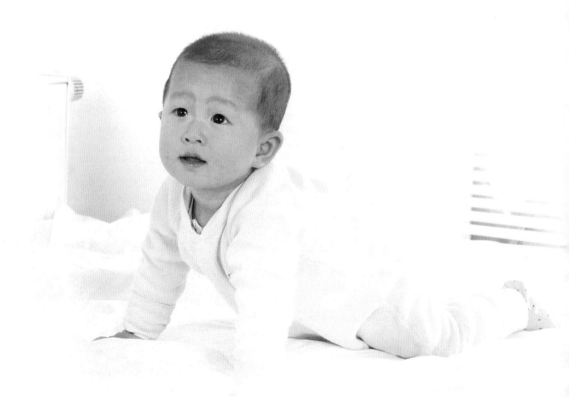

营养食谱

肝泥粥

◀ 用料 ▶

鸡肝 20 克，米 20 克，水 1 大杯。

◀ 做法 ▶

①鸡肝去膜、去筋、剁碎成泥状待用。

②米加水煮开后，改用小火，加盖焖煮至烂，拌入肝泥，再煮开即可。

说明：

能提供丰富的铁、锌等微量元素。7 个月的宝宝仍然坚持母乳或配方奶为主，但哺喂顺序与以前相反，先喂辅食，再哺乳，而且推荐采用主辅混合的新方式，为以后断母乳做准备。提倡给宝宝食用带皮的水果，如橘子、苹果、香蕉、木瓜、西瓜等。

◀ 用料 ▶

胡萝卜 5 克，嫩豆腐 1/6 块，荷兰豆 1/2 根，蛋黄 1/2 个，水 1 小杯。

◀ 做法 ▶

①将胡萝卜去皮，与荷兰豆烫熟切成小块。

②将食材与水放入小锅，嫩豆腐边捣碎边加入，煮到汤汁变少；将蛋黄打散加入锅里煮熟。

说明：

提供 β－胡萝卜素、钙、铁、维生素 E 等。医学家发现，血液中钙质含量的不断增加，可阻碍人体对锌的吸收和利用。

 蔬菜豆腐泥

一日饮食参考

06：00

母乳、牛奶或配方奶200毫升，饼干3～4块

09：00

1/3碗菜粥，可加入蛋黄或动物肝泥、肉末、少量鱼肉

11：00

米粉适量，牛奶150毫升

15：00

半个橘子、苹果或其他水果等量，牛奶150毫升

19：00

香蕉1/4个，1/3碗玉米粥，可加入半片切片面包，或少量豆腐、红薯、土豆

21：00

母乳、牛奶或配方奶200毫升

营养食谱之燕麦南瓜糊

(用料

50克燕麦，50克南瓜。

(做法

①南瓜去皮、切片、蒸熟，趁热研成泥状，放凉备用。

②燕麦用水漂洗一下，放入锅中煮成粥。

③将南瓜泥放入燕麦粥中搅匀，放置温热时即可喂食宝宝。

(说明

外形完好、色泽光鲜、沉甸甸的南瓜口感更好。南瓜含丰富的具抗氧化功能的β–胡萝卜素；燕麦有着丰富的膳食纤维，二者合用有利于宝宝的生长发育。另外，此糊绵甜可口，比较适合宝宝的口味。

7~8个月

身体发育趋于稳定

尽管这时的宝宝有着不错的胃口，也没有生病，但是宝宝身高体重的增加并不如之前那么快了，宝宝的身体发育在这一时期趋于稳定。

宝宝第7~8个月发育速查表

性别	身长（厘米）	体重（千克）	头围（厘米）
男宝宝	72.6±2.6	9.35±1.04	45.3±1.3
女宝宝	71.1±2.6	8.74±0.99	44.1±1.3

宝宝技能发育更进一步

随着宝宝手眼协调能力的不断完善，现在的宝宝拿东西已经不是一把抓了，而是学会用拇指与其他四指配合起来抓东西。两手各拿一个玩具时，可以把两个玩具互相对敲，或把玩具从一只手递到另一只手上。

8个月的宝宝身上的肌肉结实了，平衡能力和控制能力也有了发展，能自如翻滚，而且开始学习爬行了。宝宝在趴着时总是伸胳膊够他前面的东西，够不到，就会一拱一拱地向前爬，但在爬的时候，手脚配合还不协调。行动的自由使他的活动天地一下子变大了，从被动地坐着，发展到主动地扩展活动领地，这对宝宝的身心发展无疑是一个很大的飞跃。

8个月的宝宝，不再"任人摆布"了，已经有了自己的意愿和想法了。宝宝不想吃某种食物时，会用手推开，有时还会左右晃脑袋躲闪，即使喂到嘴里他也会吐出来。

母乳不必轻易断掉

如果妈妈的乳汁比较充足，不要因为孩子不爱吃辅食而把母乳断掉，这是不应该的。母乳毕竟是宝宝最好的食品，不要轻易断掉。

有的宝宝只爱喝牛奶，不吃其他食品。父母也认为，宝宝喝的牛奶越多就越有营养，其实不然。随着宝宝的不断长大，身体对各种营养素的需求量和种类不断增加，而作为液体的牛奶，其摄入量不可能无限制地增加，其中所含的营养素已远远不能满足他的需求。因而需要多样化的食物，而过多的牛奶势必影响其他食物的摄取，从而导致营养素缺乏性疾病，如贫血、佝偻病等。

继续添加辅食

宝宝在这时仍是出牙阶段，胃肠道也逐渐发育成熟，可以食用半固体或固体食物，除了继续给宝宝吃上个月添加的辅食，还可以添加肉末、豆腐、1整个鸡蛋、1整个苹果、猪肝泥、鱼肉丸子、各种菜泥或碎菜等。未曾添加过的新辅食，不能一次添加两种或两种以上。一天之内，也不能添加两种或两种以上的肉类食品、蛋类食品、豆制品或水果。

碳水化合物、脂肪和蛋白质

这一段时间，宝宝学习爬行，身体消耗的能量较多，对碳水化合物、脂肪和蛋白质的需要量增加。这时宝宝每天每千克体重仍需要110千卡的能量。热量可从母乳或配方奶及各种辅食中获取，脂肪从肉类和奶制品中获取，奶、鸡蛋、鱼、肉等都是蛋白质很好的来源。

其他营养素

铁 这个阶段，宝宝对铁的需要量明显增加。半岁前每日需铁0.3毫克，但从本月起，每日需要1毫克的铁，增加了3倍以上。

维生素A和维生素D 这一时期宝宝对鱼肝油的需要量没有什么变化，每日给予预防剂量即可。

温馨提示

做鱼时要把鱼鳞刮干净，去掉鱼腹内的黑膜，因为鱼的表面常有寄生虫和致病菌，而鱼腹内的黑膜是有毒物质的淤积。

叶酸 这一时期，宝宝要多吃新鲜水果和蔬菜，避免叶酸缺乏引起营养不良性贫血。

钙 爸爸妈妈们可能从多个渠道了解了佝偻病，其实它的主要原因不是钙摄入不足，而是因维生素D缺乏导致钙吸收利用障碍。此外血液中如果钙离子偏低，神经肌肉就会增高兴奋性，导致肠壁受到刺激产生收缩，而引起腹痛。对于快速生长阶段的宝宝，父母要注意给宝宝多吃含钙的食物，乳类、蛋类、豆类、海产品。钙的每天需要量为400毫克～600毫克。

适当增加固体食物

在这个月，应该适当给宝宝吃些固体食物，面包片、馒头片、饼干等都可以给宝宝吃。许多宝宝到了这个月就不爱吃烂熟的粥或面条了，因此，在做这些食物的时候适当控制好火候。如果宝宝爱吃米饭，就把米饭蒸得熟烂些再喂他。有些父母总是担心宝宝牙还没有长好，不能嚼这些固体食物，其实宝宝会用牙床咀嚼。

让宝宝适应谷物

一般来说，在开始给宝宝添加辅食时，先给宝宝吃谷物是比较好的，因为谷物比较容易消化吸收。

大米粥、燕麦粥、大麦粥，可以按顺序逐渐添加给宝宝。虽然有的宝宝会不太喜欢谷物的味道，但父母可以在宝宝熟悉、喜欢的食物中逐渐添加适量的谷物。比如，在母乳或牛奶中给宝宝调制麦片，就是不错的办法。

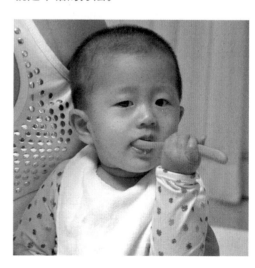

给宝宝吃肉

有些父母，只给宝宝喝汤不给吃肉。其实，宝宝到了七八个月时，已经能进食鱼肉、肉末、肝末等食物了，是大人们低估了宝宝的消化能力。

而且汤里含有的蛋白质只是肉中的3％～12％，脂肪低于肉中的37％，无机盐含量仅为肉中的25％～60％，所以，无论鱼汤、肉汤、鸡汤多么鲜美，其营养成分远不如鱼肉、猪肉、鸡肉。

因此，爸爸妈妈在给宝宝喂汤的时候，也要同时喂肉，这样既能确保营养物质的摄入，又可充分锻炼宝宝的咀嚼和消化能力，并能促进宝宝乳牙的萌出。

让宝宝习惯奶杯

从现在开始，逐渐让宝宝用奶杯喝奶，是断奶过渡中的重要方式。并不是马上改用奶杯，完全丢弃奶瓶，而是让宝宝逐渐适应并知道：除了奶瓶，奶杯也可以喝奶。

父母可以每天给宝宝的奶杯里倒入一点牛奶，让宝宝喝。也许开始时宝宝不愿多喝，等他逐渐习惯后，可以用奶杯给宝宝喝果汁、喝水。这个计划一旦开始实施，最好在每次吃辅食的时候，都用奶杯喂宝宝一两次。

宝宝现在有了很强的好奇心，什么都想往嘴里放，尝尝是什么滋味。父母可以借此机会让宝宝自己喝奶，让他渐渐舍弃奶瓶，尤其是避免宝宝搂着奶瓶睡觉。

温馨提示

不让宝宝搂着奶瓶、含着奶嘴睡觉的原因是，宝宝含奶入睡会使牙齿受到腐蚀。另外，奶水还有可能顺着口角流下来，进入外耳道，引起耳内发炎。同时，宝宝搂着奶瓶入睡，会逐渐形成依赖，以致没有奶瓶时就哭闹或睡不着觉。

让宝宝练习自己吃饭

喂辅食时，最好让宝宝手中拿着一把小勺，学着从碗中舀食。开始宝宝会分不清小勺的凹凸面，也会舀出一大匙又拿不稳。这时，大人可用手托住宝宝的手将食物送到嘴里，使其逐渐由被动地被人喂食发展到可以自己用小勺吃，这样的练习需要几个月甚至半年才能完成。

使用小勺，可以让宝宝品尝到除乳汁、牛奶以外的食品，如一些无法用奶瓶喂的固体食物等。为了让宝宝顺利地度过日后的断奶期，熟悉和习惯使用小勺非常重要。

一开始由于不习惯，宝宝肯定会对小勺有所排斥。因为以前用奶瓶时，只要用嘴一吸，牛奶和水就自动被吸到嘴里，

而现在要面对一把"奇怪"的小勺，对宝宝本身就是一个很大的挑战。这时，宝宝可能会因不习惯而拒绝进食。爸爸妈妈可以在喂奶前，少喂些果汁或者菜汤之类，经过多次喂食，宝宝就会觉得小勺里的东西味道还不错，就不再拒绝了。

爸爸妈妈千万不要因为宝宝不喜欢用小勺吃饭，就不教宝宝使用小勺了。教宝宝用小勺吃饭，不但可以摄取到更多食物的种类，促进咀嚼功能，而且对训练宝宝手的灵活性和协调能力也有很大的帮助，能逐步培养宝宝对新事物的认识。

教宝宝时一定要有耐心。刚开始宝宝不熟练，肯定会把饭弄到手上、桌子上、衣服上、地上，有时候还会把碗和盘摔碎。爸爸妈妈要不断地鼓励宝宝，不能生气地训斥宝宝，以免使宝宝失去学习的兴趣。只要坚持下去，宝宝就一定会熟练掌握拿小勺的方法。

爸爸妈妈教宝宝时，关键是要引导宝宝主动地去学习吃食物。宝宝在不断品尝各种各样的新食物的同时，不但可以体会到进餐的乐趣，还可以促进食欲，补充到多方面的营养。爸爸妈妈可以自己手里拿一把勺，让宝宝也拿一把，一边给宝宝喂饭，一边教宝宝学习。

养成饮食好习惯

宝宝在这时养成的饮食习惯，会跟随他的一生。所以父母要注意帮助宝宝，培养宝宝养成良好的饮食习惯。

这个年龄段尽量不要让宝宝摄入不必要的高热量饮食，比如过多的糖或脂肪，以免患肥胖症。让宝宝喜欢上有益于身体健康的食物，如水果、蔬菜、粗粮、含纤维素多的食物。总之，让蔬菜、谷物、水果、豆类成为宝宝的常用餐。

健康的食品添加剂包括天然甜味剂和天然食用色素。

天然甜味剂，包括蔗糖、葡萄糖、果糖、山梨醇、麦芽糖醇、甘草酸二钠，这些都是从天然植物上提纯出来的，可以让食物更可口，也不会对宝宝有不良的影响。

天然食用色素，是指直接来自动植物组织的色素。现在允许使用并已制定有国家标准的天然食用色素有：姜黄素、虫胶色素、红花黄素、叶绿素铜钠盐、辣椒红色素、红曲米及β-胡萝卜素等。如果看到食物有除这些以外的色素成分，最好少给宝宝食用。

另外，有很多种防腐剂，包括苯甲酸及其钠盐、山梨酸及钾盐、亚硫酸及其盐类，还有用于糕点防霉的丙酸盐类。这些东西对宝宝的肠胃有伤害，不能吃。糖精是由天然甜味剂和一些化学试剂合成的，也不适合宝宝吃。

舌苔的变化与宝宝饮食的关联

发育正常的宝宝，舌体颜色淡红，质软且活动自如，舌面上通常会有一层薄薄的舌苔，干湿适中。但是，如果患病，舌苔在质和色上就会发生变化，在为宝宝治疗的同时，父母可以通过饮食配合调理。

舌苔色白、厚、腻。多由寒湿引起，应多食温胃健脾、散寒的食品，少吃一些易导致腹胀以及食欲减退的食品，如过甜且有腻厚味的食品。

舌苔黄腻。主要为肠胃积滞所致，多由发热、消化功能不好、感染引起，宝宝常有口干舌燥、大便干结等上火症状。可给宝宝多吃一些清热的食物，如绿豆粥、梨、山楂等。

舌苔薄，色白。多见于感冒初期，爸爸妈妈应给宝宝多选择性质偏温的饮食，如软食、汤面类。副食可选用胡萝卜、红糖等。选择果汁时也要少吃凉性的水果，如梨等。

舌苔薄，有部分脱落。多由虚火或胃肠湿热所致。平时可多选用一些滋阴降火的食品，如：梨、西瓜等，少吃一些偏温的食物。

营养食谱

肉末胡萝卜汤

◀ 用料 ▶

新鲜瘦猪肉50克,胡萝卜150克～200克,盐、葱、姜、白糖各少许。

◀ 做法 ▶

①瘦猪肉洗净剁成细末,加盐和调料,蒸熟或炒熟。

②胡萝卜洗净,切成大块,放入锅中煮烂,捞出挤压成糊状,再放回原汤中煮沸,用白糖调味。

③将熟肉末加入胡萝卜汤中拌匀。

◀ 用料 ▶

猪、牛胫骨或脊骨200克,龙须面5克,青菜50克,盐少许,米醋数滴。

◀ 做法 ▶

①将骨砸碎,放入冷水中用中火熬煮,煮沸后酌加米醋,继续煮30分钟。

②将骨弃去,取清汤。将龙须面下入骨汤中,再把洗净、切碎的青菜加入汤中煮至面熟,加少许盐搅匀即可。

 说明:

提供丰富的钙。钙能帮助骨骼和肌肉发育,身体正在快速成长的宝宝对钙的需求量很大。如不及时补充,身体很容易因缺钙而导致软骨病。

骨汤面

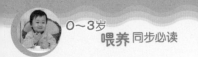

一日饮食参考

06：00

200毫升母乳或配方奶，1块布丁

09：00

50毫升青菜粥糊，2片水果

10：00

50毫升果汁

12：00

米粉适量，150毫升母乳或配方奶

15：00

半个苹果或桃，或一个小香蕉

18：00

50毫升肉粥或面条，120毫升奶

21：00

200毫升母乳或配方奶

营养食谱之鸡蛋羹

用料

1个鸡蛋，水适量，香油少许。

做法

①将鸡蛋磕入碗里，倒温水，然后充分搅打开。

②把搅开的蛋糊放入蒸锅里，用小火蒸6～7分钟即可。

③用水果刀轻轻地把鸡蛋羹表面划成菱形，倒入几滴香油即可给宝宝食用。

说明

滑如凝脂，鲜香扑鼻。一定要用小火蒸，否则鸡蛋羹很容易成为蜂窝状，既不好吃，也影响宝宝的消化。也可放少许碎青菜。

8～9个月

宝宝体型的变化

从这个月开始，宝宝将从圆滚的婴儿体型慢慢转换到幼儿体型。

宝宝第8～9个月发育速查表

性别	身长（厘米）	体重（千克）	头围（厘米）
男宝宝	74.0±2.6	9.5±1.03	45.5±1.4
女宝宝	72.0±2.4	9.0±0.93	44.5±1.3

宝宝的本领真不小

经过七八个月的活动期，现在宝宝的"本领"已经大大超过前几个月。运动神经发育的逐步提高，使得宝宝活动的能力和空间大了，比以前更加活跃。宝宝有时可以自己翻身坐起来，稳坐10分钟以上，有时还手脚并用地往前爬行几步，甚至跃跃欲试地想要学站立了。

宝宝进入9个月后，手眼更加灵活协调了，有时会专门把刚刚捡到的小积木有意扔了，然后再捡起来；甚至把小积木扔得远一些，然后往前爬几步后又捡回来，几次三番，乐此不疲。宝宝的语言能力也有了很大的提高，其中最让父母欣喜的是，宝宝会叫"爸爸""妈妈"了，这是宝宝生命里程中的一大进步，其意义非同寻常。

母乳喂养渐渐停止

这一时期，宝宝辅食的量有了进一步的增加，妈妈仍可继续喂养母乳。乳量明显减少的妈妈要注意适量给宝宝补充一些配方奶。妈妈要注意减少宝宝对乳头的依恋，选择在早晨起来、睡前、半夜醒来时喂母乳。吃完饭菜或牛奶后，宝宝不会饿，即使有吃奶的要求，也不要让宝宝吮吸乳头。

循序渐进地给宝宝断奶

从开始断奶至完全断奶需经过一段适应过程，也就是一顿一顿地用辅助食品代替母乳，逐渐进行断奶。有些妈妈，平时不做好断奶的准备，不逐渐改变宝宝的饮食结构，而是用在乳头上抹黄连、清凉油等方法，突然不给宝宝奶吃，致使宝宝因突然改变饮食而适应不了。遭遇强制断奶的宝宝会连续多天又哭又闹，精神不振，不愿吃饭，体弱消瘦，甚至发病。因此，对于不能长时间母乳喂养的宝宝，要提前做好断奶准备。

一般母乳从3～4个月起分泌量减少，尤其妈妈上班后泌乳量明显减少。上班期间，白天可用配方奶及辅食喂哺1～2次。在决定断奶之前可以先喂配方奶，再喂母乳。这样由于宝宝已经吃饱，吮吸无力，母乳会随之减少。可以先减白天的哺乳，如下午下班后的一次，再去掉早晨的一次，最后才减睡前和夜晚的。

 温馨提示

这段时期，与喂配方奶的宝宝相比，母乳喂养的宝宝容易在夜间醒来，妈妈仍可以在宝宝醒来时给他喂母乳，哄他入睡，但应减少夜间吃奶的次数。

乳类仍为主食

断奶是指断母乳，并非断去乳类制品。断奶期要保证宝宝每天足量的牛奶。这时最好选用适合宝宝月龄的配方奶。乳类制品要占宝宝热量的40％左右，而且还要增加宝宝的辅食，以免造成营养不良。

第9个月是宝宝生命历程中一个比较重要的阶段，仍然应以乳类为主食，因为宝宝快速生长需要蛋白质，乳类食品中蛋白质的质和量最好也最多。而将乳类作为辅食要等到宝宝1岁后。

此时牛奶仍应保证每天喂养500毫升以上，代乳食品可安排3次，因为此时的宝宝已逐渐进入转乳后期。

辅食多样化

宝宝长到9个月以后，乳牙已经萌出4颗，消化能力也比以前增强，不但能吃流质、半流质的食物，而且还能吃一些固体食物，这样就为宝宝能够摄取足够的营养物质打下了基础。这个月宝宝营养需要的重点，是继续适量增加辅食的品种和量。

现在宝宝消化蛋白质的胃液已经能充分发挥作用了，可以适当多让宝宝吃一些蛋白质食物，如豆腐、蛋类、奶制品、鱼、瘦肉末等。但碳水化合物、维生素等营养成分也不能少。辅食制作粗细、大小、软硬，要根据宝宝的接受能力来调整。饭菜的品种和量继续适当增加，还要配合出牙等因素，因而饭菜的制作要粗些、大些，如将肉泥渐改成肉末等。

辅食可以是软饭、肉（以瘦肉为主），也可在稀饭或面条中加肉末、鱼、蛋、碎菜、土豆、胡萝卜等，量应比上个月增加。一般每天两次肉或菜粥，粥后加100毫升牛奶。早晨和睡前各加200毫升牛奶，每天两次水果。另外，这一时期，宝宝体内分解脂肪能力旺盛，也可以给宝宝吃煮的、炒的食物，但一定要做嫩一些，如炒白菜、炒西葫芦、炒茄子、炒鸡蛋等（炒得要嫩软一些，喂的量要少一点儿）；煮的有肉类、鱼类、谷类等食物（肉要煮成肉糜，鱼要剔干净刺）。

还要注意，添加新食物要在喂奶前，先吃辅食再喂奶，这样宝宝就比较容易接受新的辅食了。

适当增加点心和水果

可以在这一阶段给宝宝增加点心，比如在早午饭中间增加饼干、烤馒头片等固体食物。同时还要补充水果。这个阶段的宝宝已经能将整个水果拿在手里吃了，这样也可以代替果汁来摄取营养。在吃水果前，父母一定要将宝宝的手洗干净，将水果洗干净，削完皮后让宝宝拿在手里吃。吃水果时一定要有人看着，避免吞食大块果肉造成窒息。

增加粗纤维食物、茎秆类蔬菜

这时的宝宝已经长牙了，有了咀嚼能力，可以啃一些硬点的东西，有利于乳牙的萌出。粗纤维食物、茎秆类蔬菜就是不错的选择。同时粗纤维的食物还能帮助宝宝通便。芹菜、卷心菜、洋葱、萝卜等含纤维多，可以给宝宝适当添加。

面粉类食物的添加

现在，宝宝每天活动与生长所需的热量逐渐增多，面类食物中含有很多碳水化合物，可以满足宝宝的需求。同时面粉还含有一定含量的蛋白质，可以促进宝宝身体组织的生长，父母可以注意给宝宝添加。

又薄又细的面条煮软了就可以给宝宝吃，也没必要再弄碎了。面条里可以加点切碎的各类蔬菜、肉末，也可以加少许牛奶试着给宝宝吃。刚蒸好的馒头、新鲜面包等都可以给宝宝吃。

营养补充避免过量

这个月宝宝的营养重点是避免营养补充过量，出现中毒、疾病等不良情况。维生素A过量，可出现烦躁不安、多汗、肢体疼痛、食欲减低、恶心呕吐等。维生素D过量，可导致软组织钙化，如肝、肾、脑组织钙化。

灵活添加辅食

在辅食添加中，父母不能机械照搬书本上的东西，要根据宝宝的饮食爱好、进食习惯、睡眠习惯等灵活掌握。没有千篇一律的喂养方式，添加辅食也是这样。有的宝宝一天只能吃一次辅食，第二次辅食说什么也喂不进去，但能喝较多的牛奶，还吃母乳。妈妈不能强迫宝宝一定要吃两次辅食。在烹饪时，要合宝宝的胃口，饭菜要烂，不放食盐，不放味精及胡椒粉等刺激性调料。

泥糊类换成固体食物

在这个月的宝宝喂养中，父母可以逐渐取消喂给宝宝泥糊类食物了，如果经常给宝宝一些软烂的食物，不让宝宝去咀嚼一些硬、脆的食物，会使宝宝的牙龈失去宝贵的练习机会，导致牙齿萌出迟缓。

辅食尽量少放糖

有些父母为了让宝宝多吃一些，会在宝宝的饭菜中放糖。尽量不要这么做，因为过量的糖进入宝宝肠胃后发酵，会使宝宝出现腹胀、腹泻等情况，也会抑制宝宝的食欲。

和大人一起吃饭要注意

有的宝宝喜欢和大人一起吃饭，也喜欢吃大人的饭菜。妈妈完全可以利用宝宝的这一特点，在大人午餐和晚餐时给宝宝添加两次辅食。只要宝宝能吃，不呛，咽得很好，能和大人一起进餐是很好的。但是，妈妈抱宝宝到饭桌边时，一定要注意安全。热的饭菜不能放在宝宝身边，宝宝会乱抓，有可能将碗盘打翻烫到自己。不要让宝宝拿着筷子或饭勺玩耍，以免戳着宝宝的眼睛或喉咙。大人的菜里放的盐对宝宝的肾脏是个不小的负担，所以不要用大人的菜汤给宝宝拌饭吃。

宝宝食欲低怎么办

在刚开始吃辅食的几个月，宝宝表现出了很大的兴趣，但有的宝宝会在这段时间胃口逐渐降低。

可能因为这段时间宝宝的体重增长开始放缓，也可能因为宝宝出牙带来不适而造成食欲降低。父母应耐心喂宝宝，帮他调适一段时间。如果宝宝的胃口长时间低下，有可能缺乏某种微量元素，就要去看医生了。

宝宝开始偏食了

随着辅食的添加，宝宝开始接触各种食物了，随之也逐渐显现出对食物的好恶。于是许多过去不挑食的宝宝现在也开始挑食了，味觉越敏感的宝宝越挑食。父母给宝宝喂他不喜欢的食物，宝宝会用手推开、用舌头顶出来等方式拒绝。

之所以这样，主要是因为宝宝的味觉发育越来越成熟，对各类食物的喜恶表现得越来越明显，而且有时会用抗拒的形式表现出来。但是，这个时期宝宝的"挑食"并不同于大宝宝的挑食。宝宝在这个月龄不爱吃的东西，到了下个月龄时就可能爱吃了，这是常有的事。所以，爸爸妈妈不必担心宝宝的这种"挑食"，而是要花点儿心思琢磨一下，怎样能够使宝宝喜欢吃这些食物。

温馨提示

有的妈妈为了省事，就把肉、菜、鱼肉等和粥放在一起喂。其实，应该分开喂，分开喂能够让宝宝品尝到不同食物的味道，增加他的进食乐趣，让宝宝更有兴趣尝试吃辅食。

这个时候，父母可以考虑换个方式，比如，把宝宝拒绝的食物添加到粥里、汤里。如果宝宝还是不接受，父母也不必着急和担心，强行喂给宝宝只能起到反作用。

其实，如果粥、面包、面条等主食已经给宝宝提供了所需的热量，牛奶、母乳也给宝宝提供了一定的蛋白质，那么宝宝对其他辅食的偏食，一般不会导致营养失衡。父母可以选择含有其他等同营养的食物来替代宝宝不喜欢的食物。

避免不安全的食品

这时的宝宝已经有了很好的咀嚼能力，喜欢吃稍微硬一点的固体食物了，但宝宝可能不经咀嚼就吞咽食物。因此一些食物对于这一时期的宝宝来说，太坚硬、光滑、不易嚼碎，以及一些圆形或不规则的食物，如葡萄、爆米花等容易吸进器官里造成窒息的食物，还是不要给宝宝吃。

父母暂时不要给宝宝吃这类食物：坚果仁、水果干、牛肉干、硬糖、葡萄、爆米花、小红肠、果冻。

营养食谱

◀ 用料 ▶

豆腐 1/6 块，奶油 1/2 杯，盐少许。

◀ 做法 ▶

①将豆腐切成小块。

②将豆腐与奶油加水同煮，煮熟之后加适量盐调味。

说明：

提供钙、维生素 E 等。这个月龄宝宝的哺喂原则也与第 8 个月大致相同，但喂奶次数应逐渐从 3 次减到 2 次，每天哺乳 600 毫升～800 毫升就足够了，而辅食要逐渐增加，为断奶做好准备。

◀ 用料 ▶

甜南瓜 10 克，肉汤 3 大匙。

◀ 做法 ▶

①将南瓜去皮去瓤，切成小块。

②将南瓜放入锅中倒入肉汤煮熟。

③边煮边将南瓜捣碎，煮至稀软。

说明：

提供 β－胡萝卜素、维生素 A、维生素 E 等。南瓜蒸熟后比较软，有甜味，做成泥糊状也很适合宝宝食用。嫩南瓜和老南瓜相比，嫩南瓜中的维生素和葡萄糖较多，老南瓜中的胡萝卜素、钙、铁较多，爸爸妈妈可以根据宝宝的身体情况选择南瓜。

 南瓜羹

一日饮食参考

08：00

200毫升母乳或配方奶，半片面包

10：00

适量果汁或水果，1块点心

12：00

适当添加肉类或动物肝脏的蔬菜粥1小碗，适量水果，150毫升奶

16：00

适量水果，2块饼干

18：00

加有鱼肉、鸡蛋的蔬菜粥适量

22：00

200毫升母乳或配方奶

营养食谱之蔬菜拌牛肝

（用料

50克牛肝，番茄、胡萝卜各少许。

（做法

①将牛肝外层薄膜剥掉之后用凉水将其血水泡出。

②锅中放水，将牛肝煮烂，然后捣碎。

③番茄用开水烫一下，随即剥皮，并捣碎，胡萝卜煮熟，剥皮，捣碎。

④将捣碎的肝泥和番茄泥、胡萝卜泥拌匀，即可食用。

（说明

绵润嫩滑，鲜香味美，营养丰富。

营养食谱之鱼片蒸蛋

（用料

300克草鱼，2个鸡蛋，葱粒、色拉油、香油各适量。

（做法

①将草鱼清洗干净，取净肉切片，加油拌匀，备用。

②鸡蛋搅打成蛋液，倒入盘中。

③将蛋液放入蒸锅内慢火蒸约7分钟，再将鱼片、葱粒铺放在上面，继续蒸3分钟后关火，利用余热焖2分钟取出，再淋少许香油，凉温后即可喂给宝宝。

（说明

草鱼肉质细嫩，营养丰富，非常适合婴幼儿食用。烹饪时不用放味精就很鲜美，尤其给婴儿食用，最好不放调味料。

9～10个月

越来越漂亮的体型

10个月的宝宝，体形变得越来越漂亮，已经接近幼儿的体形了，发育中的个体差异表现也越来越明显。

宝宝第9～10个月发育速查表

性别	身长（厘米）	体重（千克）	头围（厘米）
男宝宝	75.5±2.6	9.92±1.09	46.1±1.3
女宝宝	73.8±2.8	9.28±1.01	44.9±1.3

宝宝会站了

10个月时，宝宝可以拉着栏杆从卧位或者坐位站起来，还可以从站着再自己坐下。宝宝还会双手拉着妈妈或者扶着东西蹒跚挪步。有的宝宝在这段时间已经学会扶着东西蹲下捡东西，还会穿裤子时伸腿，用脚蹬去鞋袜。这是很大的进步，说明宝宝腿部肌肉力量、胆略、运动技巧都增强了。

宝宝的手指越来越灵活，控制得也越来越好。能自己拿汤匙进食，尽管食物浪费得很多，但宝宝已经能把小勺放到自己的嘴里了。宝宝还能把抽屉开了又关上，当妈妈抱着宝宝一起看书时，宝宝会跟着妈妈翻书。

这个月，宝宝开始进入语言学习能力的快速增长期，你要充分利用有利时机，抓紧宝宝的语言训练。

从辅食中获取营养

这个月宝宝的营养需求和上个月没有大的区别，重点是减少乳制品的供应，增加辅食的营养。添加辅食可以补充维生素B、膳食纤维素、蛋白质、矿物质。奶制品可以补充钙质。现在，即使妈妈有比较充足的母乳，也不能满足宝宝每日所需营养，必须添加辅食。所以，这个月不要断母乳，但要掌握好喂母乳的时间。一般情况下，应在早晨起来、临睡前、半夜醒来时给宝宝喂母乳。

母乳及其他主食喂养次数与9个月相同，只是在下午6时喂奶前可增加饼干、牛奶或米粥等，这样做的目的是为再次减少喂奶次数做准备，比如将喂奶次数减为每日2～3次。

宝宝能吃原样水果了

这个时期的宝宝，能够吃原样的水果了，不需要榨汁和切碎。每天可以选择一两种水果，在上午10时或下午3时左右让宝宝吃，如果宝宝喜欢吃，消化也不错，还可以给宝宝多添加一点。

让宝宝接受蔬菜

富含蛋白质的豇豆、能量高的豌豆和南瓜、维生素含量高的胡萝卜、膳食纤维含量高的红薯仍是这时期对宝宝比较有益的蔬菜。

宝宝在接受蔬菜上，不如水果那么容易，父母也不用着急和强求宝宝必须吃。如果宝宝不喜欢吃这种蔬菜，可以换一种蔬菜，毕竟含有相同某种营养物质的蔬菜不是仅有一种。

维生素A、维生素D和铁

父母不要忽略给宝宝补充维生素A和维生素D，这一时期宝宝对鱼肝油的需要量仍如前。同时，9～12个月是缺铁性贫血发病的高峰年龄。6～8个月时添加辅食困难，不容易摄取足够的铁。头几个月只有缺铁的情况，还未出现贫血症状，症状往往在9～12个月出现。缺铁会影响神经细胞和神经纤维的发育，这时应多给宝宝吃含铁丰富且易吸收的动物性食物，如肝脏、血、瘦肉等。

及时补充水

这个阶段，一般宝宝需水量是每天每千克体重150毫升，包括各种奶和其他食品中的水分。有的宝宝不爱喝水，如果宝宝其他营养摄入足够，牛奶也可以给宝宝补充一定的水分了，宝宝没有不适症状，说明宝宝可能不需要，妈妈也不用勉强。而如果宝宝想喝、愿意喝，妈妈就要注意给宝宝及时补充，但不要在吃奶前喂，以免使吃奶量减少。

温馨提示

纯净水中矿物质和微量元素比较少，父母还是尽量给宝宝饮用温度适宜的白开水。

母乳仍可继续喂养

上个月已经开始减少并停止母乳在白天的喂养量了，如果到了这个月，母乳还是很难减量，妈妈就要分情况处理了。

如果母乳的喂养已经影响宝宝进食辅食，宝宝只吃母乳，不吃其他辅食，妈妈就要采取"强制性措施"给宝宝断掉全部或部分母乳了。如果完全断，还是要补充一定的配方奶。如果宝宝吃母乳，但是也正常吃其他辅食，而且很健康，妈妈就不用着急给宝宝断掉母乳了。

温馨提示

妈妈在给宝宝断奶时要注意，最好不要选择在夏季。天气炎热，宝宝食欲容易低，食量少，影响营养的摄取。如果宝宝在这一时期出现了疾病，要等疾病好后再给宝宝断奶。

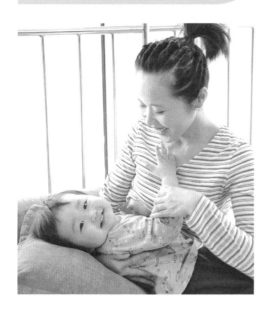

逐渐改为一日三餐制

在这一阶段，父母可以根据宝宝的饮食情况，逐渐改为一日三餐制。宝宝一般会有迹象来提醒父母，如宝宝总是这顿好好吃饭，下顿不好好吃，再下一顿又会好好吃，说明宝宝中间那一顿时不饿，可以取消。

父母可以分早、中、晚3次喂宝宝吃辅食，基本与大人的进食时间同步，吃完辅食后紧接着让宝宝喝牛奶。早晚各一次奶，可以将酸奶、奶酪等乳制品或饼干、水果等当成零食随时让宝宝食用。

温馨提示

这时可以给宝宝添加整个鸡蛋了，菜叶、质地软的饭也可以添加，不仅有营养，还能锻炼宝宝的咀嚼能力。

辅食尽量采用蒸煮方式

在给宝宝做食物时，蒸煮是比较好的方式，炸或者炒都会使食物的营养或多或少有所损失，蒸煮就可以减少甚至避免这一情况，还能保留食物原有的色彩。而且蒸煮出来的食物比较松软，适合这一阶段的宝宝。

吃点心的时间

一般宝宝都很爱吃点心。这时的宝宝虽然牙还没长齐，但是除了硬的饼干和糖果，一般的点心，如蛋糕、西点、饼干、布丁也都可以吃了。

吃点心的时间最好选择在上、下午给宝宝添加辅食时。在宝宝吃完后，要让宝宝喝点儿水。对于肥胖的宝宝来说，最好就不要加太多的点心。

宝宝用手吃东西

随着宝宝动手能力的增强，之前已经学过自己用勺、用杯子喝奶，现在基本上已经能够自己用手抓吃食物了。父母应满足宝宝的要求，这对于宝宝1岁后自己吃饭是很好的锻炼准备。开始时，宝宝可能会拿面包、饼干等好拿的食物，逐渐父母可以把水果块、熟的蔬菜、豆子放到宝宝的盘子里，让宝宝自己动手吃。

让宝宝愉快进餐

有的宝宝总是不好好吃饭，爸爸妈妈可以采用以下喂养方式。

家长自己先吃。家长用夸张的方式吃饭，表现出很喜欢食物的样子。如果宝宝认为你喜欢，可能也想尝尝。

尽量整顿地吃饭，不要养成不良的进食习惯。有的妈妈一会儿给宝宝点饼干，一会儿给一点儿水果，一会儿点心，等宝宝到了吃饭的时间也吃不下多少了。

让宝宝双手忙碌。有些宝宝伸手想自己拿汤匙，那就让他参与，这样能提高他的兴趣和食欲。

对牛奶过敏的宝宝

有的宝宝曾在出生后的3个月内，因添加牛奶而出现呕吐、皮疹等过敏症状。如果父母在之后一直没有给宝宝喂过牛奶，或是喂了牛奶仍然过敏，在这个月可以再试着喂牛奶了。

可以先给宝宝喂一点儿配方奶，如果宝宝没有出现不良症状，第二天可以给宝宝多加一点儿量或增加1次配方奶。倘若两天内没有出现呕吐、腹泻、皮疹等情况，可以逐渐给宝宝喂牛奶制品，由少至多。

营养食谱

蒸嫩丸子

◀ 用料 ▶

瘦肉馅 60 克，青豆仁 10 颗，水 1 匙，淀粉少许。

◀ 做法 ▶

①肉馅加入煮烂的青豆仁及淀粉拌匀，甩打至有弹性，再分搓成小枣大小的丸状。

②把丸子以中火蒸 1 小时至肉软，盛出后用水淀粉勾芡。

说明：

提供蛋白质、脂肪、维生素 A、维生素 E 等。给宝宝做饭时多采用蒸、煮的方法，会比炸、炒的方式保留更多的营养元素，口感也较松软，同时，还保留了更多食物原来的色彩，能有效地激发宝宝的食欲。

◀ 用料 ▶

40 克大米，半个鸭梨，10 克葡萄干。

◀ 做法 ▶

①将大米淘洗干净，沥干水分；葡萄洗净沥干水分，待用；鸭梨洗净削皮、去核，切丁。

②锅中加水烧开，下入大米和鸭梨丁同煮，大米快熟时，放葡萄丁，煮至大米烂熟。

说明：

补充丰富的钾、钙、镁、铁等矿物质。加入去燥热的鸭梨熬粥，既美味又能补充宝宝生长所需的营养。

鸭梨葡萄干粥

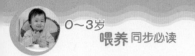
一日饮食参考

06：00

200毫升母乳

08：00

50克银鱼蛋花粥，1块布丁

10：00

1杯酸奶，2片水果

12：00

50克碎菜馅蒸饺，25克南瓜粥

15：00

一根香蕉，2块饼干

18：00

一小碗碎菜肉末面条

21：00

200毫升母乳或配方奶

营养食谱之蛋奶糕

（用料）

1个鸡蛋，20毫升牛奶，黄油适量。

（做法）

①把鸡蛋和牛奶放入小碗或杯中搅匀。

②把黄油在平锅里加热化开，倒入蛋奶混合液，直至凝固，凉凉后即可给宝宝食用。

（说明）

蛋奶飘香，嫩滑爽口，营养丰富。蛋奶糕可以补充所需的蛋白质，大多数宝宝都爱吃。

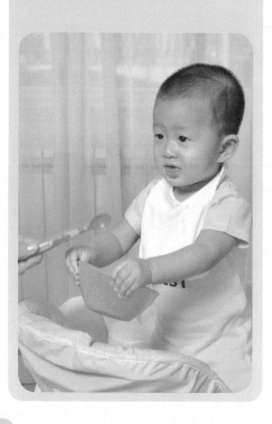

10～11个月

宝宝会走了

这个月龄的宝宝运动能力有了明显的增强，总体上呈现参差不齐、迥然各异的态势。

有的宝宝不扶东西就能够站起来，而且还能独站片刻，有的宝宝还能徒手或扶着东西向前迈几步，如果妈妈领着，他会"走"很长时间，宝宝已经有了更大的活动范围。

但学走因人而异，即使在正常的生活范围内，快与慢也可有1个月之差，所以父母不必过分担心或高兴，只要宝宝的运动机能发育正常即可。

宝宝第10～11个月发育速查表

性别	身长（厘米）	体重（千克）	头围（厘米）
男宝宝	76.5±2.6	10.0±1.09	46.2±2.0
女宝宝	74.0±2.8	9.5±1.01	45.1±2.0

宝宝在模仿大人说话

这个月，宝宝的智力也有了很大的发展，说话处于萌芽阶段，尽管能够使用的语言还很少，但令人吃惊的是，宝宝能够理解很多大人说的话。

宝宝对成人的语言，会由音调的反应发展为能听懂语言的词义。比如问宝宝："皮球呢？"宝宝会用手指皮球，问宝宝："嘴巴呢？"宝宝会用手指自己的嘴巴。

温馨提示

这段时期，跟宝宝玩一来一往的语言游戏，可以促进宝宝语言的表达能力和对语言的理解能力。因此，要为宝宝创造一个和谐的说话环境，宝宝想说话时，要作出反应，鼓励宝宝说话。实践证明，越是能和妈妈在一起快乐地玩的宝宝，社会方面的参与能力和语言能力就越强，也越容易建立学习语言的兴趣。

宝宝开始学习坐下来

宝宝在学会站立后，就努力地学习坐下的动作，这个过程非常有趣。开始时，宝宝会非常小心地把膝盖慢慢弯曲，然后再试探着把屁股往下沉，如果沉下来后屁股还没有坐下，宝宝就会抓住栏杆站起来。几次反复后，宝宝终于会坐下来了。经过一段时间的练习之后，宝宝就能自如地站立和坐下了。

宝宝有了长时间的记忆

这个月的宝宝开始有了延迟记忆能力，是父母对宝宝进行早期教育的前提。宝宝已经可以对妈妈告诉的事情、物体的名称有长时间的记忆，可记忆24小时以上；印象深的，可延迟记忆几天，甚至更长时间。一般即使爸爸出差好几天才回来，宝宝也能记得爸爸的样子，会张开双臂让爸爸抱。当然宝宝也会记住为他打针、使他疼痛的医生。如果过了一段时间，再带他去医院，只要一踏入诊室，宝宝就会号啕大哭。

宝宝的饮食

这个时期如果条件允许仍可继续喂哺母乳。停止母乳的婴儿，宜加用婴儿配方奶粉。

这个时期的宝宝，接受食物、消化食物的能力已经有所增强了，一般的食物几乎都能吃了，有的时候还可以与爸爸妈妈吃同样的饭菜。

谷物中含有碳水化合物、铁等营养物质，是这个阶段宝宝主要的能量来源，要作为宝宝的主食，大米、燕麦、面等都可以给宝宝食用。同时搭配肉食及蔬菜、水果、豆制品等。在食物的搭配制作上也要多样化，最好能经常更换花样，如小包子、小饺子、馄饨、馒头、花卷等，以提高宝宝的食欲和兴趣。

需要的营养物质

这个月宝宝的营养需求和上个月差不多，所需热量仍然是每千克体重110千卡左右。蛋白质、脂肪、糖、矿物质、微量元素及维生素的量和比例没有大的变化。

含钙高的食物

钙是人体矿物质中含量最多的一种，是骨骼和牙齿的主要成分，而且对人体很多生理功能都起着重要作用。特别是婴幼儿，正处于骨骼和牙齿生长发育的重要时期，对钙的需要量要比成年人大。那么，哪些食物含钙较多，或能促进钙的吸收呢？

奶类。母乳、牛奶、羊奶等奶类含钙丰富，对宝宝来说吸收率也高。

动物肝、蛋黄、鱼、肉及豆类。这些食物含有丰富的维生素D，可促进钙吸收。鱼肝油中含有维生素A和维生素D，是补充维生素D，促进钙质吸收的理想食品。宝宝服用以浓缩的鱼肝油精为好，以防脂肪过多。

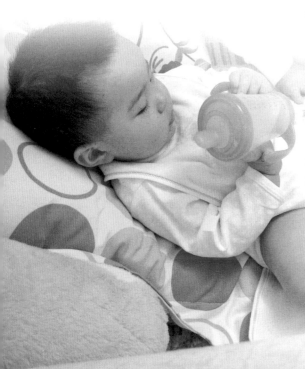

海产品。如海带、紫菜、小虾皮等海产品，含钙非常丰富。爸爸妈妈可以煮给宝宝吃，虾皮可以炸了吃。

蔬菜中的菜花、豆类等含钙也多。蚕豆如能连皮吃，更能提高钙质的吸收。

各种骨头汤中的钙质并不算丰富，但如能加点醋熬汤，则可使骨中的钙溶解在汤中。

鱼类的钙质主要在骨中，如果将鱼炸酥，让宝宝连骨吃下，可增加钙质。

以上介绍的各种含钙丰富的食物，只要调配得当，除去那些影响钙质吸收的因素，制成味道鲜美的食物给宝宝吃，就可以使宝宝获得充足的钙质，不需加吃钙片。如果父母发现宝宝有缺钙的早期表现，一定要咨询营养医生后，让宝宝吃些乳酸钙片或葡萄糖酸钙片，同时还需添加鱼肝油或维生素D，以促进钙质吸收。

向幼儿食物过渡

这一时期的宝宝基本上长出了上下中切牙，咀嚼功能也已经完全健全，宝宝的饮食也可以逐渐向幼儿食物过渡。宝宝已经可以咬有点硬度的块状食物了，食物的颗粒可比上个月大。

避免消化不良

这个时期的宝宝已会主动要东西吃，不爱吃的东西吃两口就不肯再吃了，而爱吃的东西，吃完后还要，不知节制。妈妈要注意对宝宝爱吃的食物加以控制，不要因为宝宝爱吃某种食物，就不加限制地喂食，这样会造成消化不良，损伤宝宝的脾胃。

如果吃西瓜或番茄，再健康的宝宝粪便中也会排出原物，因此，吃这种水果或蔬菜后，大便略带红色，并非消化不良，不必担忧。对于那些不爱吃水果或只吃很少水果、蔬菜的宝宝，每天可喂些果汁，以补充维生素。

宝宝不爱吃蔬菜时

有的宝宝不爱吃蔬菜，父母会把蔬菜切碎混合到别的食物中，或者选择其他形式喂给宝宝，但宝宝仍不肯吃。这时父母也不用着急，更不要强迫宝宝去吃。

我们让宝宝多吃蔬菜，是因为蔬菜中含有钙、钾、铁等矿物质和维生素A、维生素B_1、维生素C等。如果宝宝不爱吃蔬菜，我们可以给宝宝食用用这些蔬菜制作的馅类食品，或变换花样，切不可以用水果代蔬菜。

不能给宝宝吃的食物

婴儿脾胃娇嫩，如果进食不卫生、生冷或难以消化之物，必然会损害脾胃，引起呕吐、腹泻等症。

年糕不仅有卡住喉咙的危险，还不易消化，最好不要吃；

柿子性寒，味甘涩，系难消化之物；

栗子性温，味甘，食多则滞气；

杏性热，味甘、酸，小儿多食易生疮疖；

李子性平，味甘、酸，多食伤脾胃，患胃肠炎的婴儿忌食；

韭菜性温，味甘、辛，不易消化。

宝宝便秘了

有的宝宝在之前一直大便规律，到了这个阶段却出现便秘情况。父母要注意是否给宝宝的饮食过于精细，或是否宝宝的食量太少。

如果宝宝体重增加正常，出现便秘的原因可能就是食物过于精细了。可以多添加含纤维丰富的食物，如豌豆、菠菜、卷心菜、白菜等，刺激宝宝的肠胃。喝酸奶也可以改善宝宝的便秘情况。此外，适当的活动也能促进肠胃活动。

任何时候如果宝宝慵懒少动，又常便秘，饮食调整也没有效果，要考虑是否有甲状腺功能低下等疾病的情况，要带宝宝看医生。

温馨提示

最好不要轻易选择泻药，泻药会使大肠壁活动依赖于药物，使肠道功能失调，便秘加重。

营养食谱

虾仁菜花

◀ 用料 ▶

菜花60克，虾仁3只，水1杯，白糖少许。

◀ 做法 ▶

①菜花放入开水煮软切碎。

②虾仁切碎，加白糖、水，上锅煮成虾汁，倒入碎菜花。

说明：

提供蛋白质、锌和维生素C等。有些宝宝不爱吃菜，但是，如果把菜包进包子、饺子、馄饨中，大多数宝宝就爱吃了，通过这种方式，许多宝宝能改掉不爱吃菜的坏毛病。

◀ 用料 ▶

鸡肉末50克，白萝卜100克，海米10个，盐、白糖各少许。

◀ 做法 ▶

①白萝卜切薄片，焯后控去水分。

②海米入汤煮开，放少许盐和白糖，把鸡肉末、萝卜片入锅，边煮边用筷子搅拌至熟透。

说明：

提供蛋白质、维生素C等。这个月龄的宝宝开始表现出对特定食品的好恶。对于宝宝喜爱的食品，不能持续不断地吃，应保证宝宝营养充足，合理安排食谱，并变换烹调方式，引起宝宝对食品的兴趣，以防养成偏食的习惯。

 萝卜鸡

一日饮食参考

06：00

200毫升母乳

08：00

番茄鸡蛋面120克

10：00

1杯酸奶，半个桃

12：00

50克菜肉馄饨

15：00

1根香蕉，2块饼干

18：00

米饭，虾皮炒碎菜

21：00

200毫升母乳或配方奶

营养食谱之赤豆粥

（用料）

50克赤小豆，30克小米，水适量。

（做法）

①赤小豆择洗干净，浸泡半个小时；小米淘洗干净。

②锅里放水，放入赤小豆煮开，直至赤小豆快熟时，再放进小米，煮至烂熟，凉凉后即可给宝宝食用。

（说明）

粥黏豆香，滑爽润泽。赤小豆可滋补强壮、健脾养胃、增进食欲，对宝宝的生长发育极为有利。

营养食谱之南瓜小甜饼

（用料）

30克面粉，20克南瓜，白糖、黄油各少许。

（做法）

①南瓜放锅里蒸煮，凉凉后研成泥状，备用。

②将南瓜泥、面粉、白糖搅拌均匀后，制成南瓜饼坯。

③饼铛里放黄油，烧热后放入饼坯，用小火慢慢烙熟。

（说明）

柔软香甜，易于消化。南瓜是很好的低脂食品，常吃对宝宝的眼睛有很好的保护作用。

11～12个月

健康的小身段

这个月龄的宝宝，由于手脚变得灵活，活动也多了起来，皮下脂肪逐渐减少，加上身高的增加大于体重的增加，所以体型看起来较细长。宝宝的3个生理性弯曲基本完成，不管是脸孔、体态，都逐渐硕壮，即将拥有一个挺拔健康的身姿。

现在，宝宝门牙的两侧已不断长出乳侧切齿，上下共8颗，只要是不太硬的食物都可以咀嚼。

宝宝第11～12个月发育速查表

性别	身长（厘米）	体重（千克）	头围（厘米）
男宝宝	78.3±2.9	10.49±1.15	46.8±1.3
女宝宝	76.8±2.8	9.80±1.05	45.5±1.3

宝宝动作更加敏捷

这个月的宝宝站起、坐下，绕着家具走的行动更加敏捷。站着时，他可以弯下腰去捡东西，也会试着爬到一些矮的家具上去。甚至有的宝宝已经可以自己自由地走了，尽管还不太稳，两条腿的运动有些不协调，但逐渐都会好起来的。

现在，宝宝手指的运动变得灵活，对找东西也愈感兴趣，会用拇指和食指捏起细小的东西，在用餐时也想用手。宝宝还喜欢投掷东西，一拿到东西就想丢，此时父母最好能和宝宝一起玩。

宝宝希望"自己来"

这个阶段中，宝宝最大的变化就是对自由的渴望也越来越强烈，希望什么事情都"自己来"：自己拿东西，自己走路不要扶……这是因为宝宝不断增强的自我满足感和肢体灵活能力，促使他去探索新鲜的世界，这标志着宝宝自我意识及独立意识的萌发和增强。不要代宝宝做更多的事，给宝宝更多的机会自己去尝试，父母在此时要培养宝宝独立自理能力及自信心。

温馨提示

周岁前后，宝宝会在屋内到处走动"搞破坏"，抽屉、梳妆台、书柜等地是宝宝的兴趣所在，所以家长应把东西收好以防意外。

营养素的需求

这个月营养需要的重点，是给宝宝提供食物时，要注重其营养价值，合理搭配，防止和及时纠正挑食和偏食。这个月宝宝的营养需求和上个月没有什么大的差别，每日每千克体重需要供应热量110千卡，蛋白质、脂肪、碳水化合物（糖）、矿物质、维生素、微量元素、纤维素的摄入量和比例也差不多。蛋白质的来源主要有乳类、蛋、肉、豆制品；脂肪的来源主要有肉、奶、油；碳水化合物的来源主要是粮食；维生素的来源主要是蔬菜水果；纤维素的来源是蔬菜、粗粮；矿物质和微量元素来源于所有的食物。

温馨提示

前一阶段宝宝的各种能力提高得很快，如果在接下来的这个月中，宝宝在某些方面的技能可能显得有些后滞，这是宝宝把所有的精力都花在走路和学说话上的原因，父母不要着急。

奶制品要坚持喂养

宝宝快1岁了，从以乳类为主食，开始逐渐向正常饮食过渡，但是，这并不等于断奶。即使不吃母乳了，每天也应该喝牛奶或奶粉。如果每天能保证400毫升～500毫升牛奶，对宝宝的健康是非常有益的。

宝宝在这一时期的成长中，身体的各部分组织还需要充分的养料。这个养料就是蛋白质，它构成了宝宝体内的血液、肌肉和脏器。宝宝断奶后，就少了一种优质蛋白质、脂肪等营养素的来源，但这个时候，正是宝宝需要这些"生长原料"的时候。为了弥补这一不足，就需要给宝宝多吃动物性的食物，来提供蛋白质、脂肪等营养素。因此，宝宝的饮食中鱼、肉、蛋等是无论如何也不能缺少的。

高蛋白不可替代谷物

鱼、肉、蛋类不可少，它们与主食——谷物是不冲突的，父母不能为了让宝宝吃进更多的蛋肉、蔬菜、水果和奶，就不给宝宝吃粮食。宝宝需要足够的热量以维持运动，粮食能够直接提供宝宝所必需的热量，而用蛋肉奶提供热量，需要一个转换过程。

虽然豆制品含有丰富的蛋白质，但是所补充的主要是粗质蛋白，宝宝对粗质蛋白的吸收利用能力差，吃多了，会加重肾脏负担，因此，宝宝最好一天不要吃超过50克的豆制品。

蛋白质的来源主要是动物性的蛋白，即鱼、肉、蛋、奶类，在这一时期是不可少的。其中，动物性的蛋白提供最好的是牛奶，这也是给宝宝断奶不断奶制品的原因。

额外补充维生素

宝宝1岁了，户外活动多了，也开始吃正常饮食了，是否就不需要补充鱼肝油了呢？不是的，维生素仍应该额外补充，只是量有所减少，每日补充维生素A800IU，维生素D200IU，如果每天能保证3小时的晒太阳，并且饮食平衡，则可以少补或不补。不爱吃蔬菜和水果的宝宝可能会缺乏维生素，粮食、奶和蛋肉中也含有维生素，所以宝宝一定要均衡膳食。

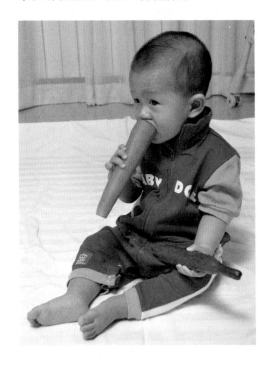

要增加固体食物的摄入量

这个时期的宝宝，消化吸收能力显著加强，能够比较安静地坐下进食，用手拿小勺的本事也有长进，俨然是家庭成员中的一分子了。1岁前后，宝宝就应该步入断奶的结束期，当然这是因人而异，有些婴儿很早以前就步入这个时期，有些到了周岁还无法办到，如果时间相差不多就不必担心。

这一时期宝宝的2/3营养应从固体食物中取得，每一餐都以断奶食品补足，每一餐的食量是软饭100克，煮烂的蔬菜40克～50克，以一个蛋或是30克的鱼肉补足蛋白质。以此为标准，一天进食3次，然后以400毫升的牛奶作为点心，当然可以把牛奶包括于饮食当中。

现在已经到了断奶末期，一天3次辅食，加上400毫升的牛奶是最标准的食量，不过每个宝宝都有很大的个人差异。

宝宝不喜欢吃主食怎么办

有的宝宝不喜欢吃米饭等主食，吃得少，甚至基本不吃。如果这样的话，父母要注意给宝宝吃鱼、肉类、鸡蛋等食物，从中补充蛋白，适当添加饼干、点心等，补充能量。因为米饭等主食的营养成分是碳水化合物和植物性蛋白。如果宝宝的体重增加正常（平均每天增加5克～10克），情绪状态良好，就不要强迫宝宝。但宜找机会让他接触各类食物，不要明显偏食。

宝宝患了口腔炎

正常饮食的宝宝突然有一天不想吃饭，只吃一些牛奶等流食，父母要注意观察宝宝是否患了"口腔炎"。

患有疱疹性口腔炎的宝宝，一般会有不同程度的发热，在宝宝的嘴里有米粒大小的数个水泡，有的破溃称为溃疡。宝宝感到疼痛，自然不想吃东西。

患口腔炎时一般不需特别用药，只需对症退热，1周左右就可以痊愈。这期间，父母要注意调整宝宝的饮食，不要给宝宝吃硬的食物，或是咸的、酸的等有刺激性的食物。看宝宝想吃什么，如果能吃点心和布丁，就给他吃。最好让宝宝喝牛奶补充营养，这时要补充的还有水分，注意进食后再给宝宝喝点清水以清洁口腔。

营养食谱

清烧鱼

◀ **用料** ▶

鳕鱼肉 150 克，白糖、盐、葱、姜各少许。

◀ **做法** ▶

①鳕鱼肉洗净，用盐、葱、姜浸透。

②将鱼入锅煎片刻，加少量白糖和水，加盖焖烧约 15 分钟即可。

说明：

提供蛋白质、钙、铁、锌和维生素 A、维生素 D、维生素 E 等。鳕鱼肉质很鲜嫩，且鱼刺较大，几乎没有小刺，给幼儿吃比较安全。

◀ **用料** ▶

30 克白扁豆，30 克薏米，30 克大米，1000 毫升水，白糖适量。

◀ **做法** ▶

①薏米洗净，浸泡 2 小时；扁豆洗净；大米洗净。

②锅里放水，先把薏米和扁豆放进去煮，快熟时，放大米，煮至粥绵软即可。吃时可放一点儿白糖。

说明：

健脾，清暑。扁豆薏米粥绵软可口，营养丰富，特别是对宝宝脾脏很有好处，有利于提高宝宝的食欲。

扁豆薏米粥

一日饮食参考

06：00

200毫升母乳或配方奶，1块布丁

08：00

1小碗青菜虾仁馄饨

10：00

1个香蕉

12：00

1个三文鱼三明治，100毫升果汁

15：00

半个苹果，一杯酸奶

18：00

海带肉末粥1小碗

营养食谱之奶香三文鱼

（用料）

　　30克三文鱼，20毫升牛奶，黄油、洋葱各适量。

（做法）

　　①三文鱼切片，用牛奶腌20分钟左右。

　　②将黄油在炒锅里加热，放洋葱煸香，倒在鱼片上；将三文鱼放在蒸锅里蒸7分钟即可。

（说明）

　　松软滑嫩，鲜香有味。三文鱼对宝宝的脑部发育、神经发育和视神经极为有利。

营养食谱之海带肉末粥

（用料）

　　30克海带，30克大米，20克肉末，香油少许。

（做法）

　　①海带洗净剁碎，与肉末拌匀，备用。

　　②大米洗净后浸泡1个小时左右，然后放入锅中煮至黏稠，加入肉末海带，边煮边搅动，煮5分钟左右后，放入香油调味，即可盛出。

（说明）

　　黏稠润滑，香浓可口。宝宝常吃海带，可以补碘，避免因缺碘而造成甲状腺肿大。

1岁至1岁半

身体状况与发育特点

此阶段里，宝宝生长发育的速度比1岁前明显减慢。体重约为出生时的3倍，出牙为10～16颗，前囟门在1岁半之前逐渐闭合。

宝宝1岁至1岁半发育速查表

性别	身长（厘米）	体重（千克）	头围（厘米）
男宝宝	84.0±3.2	11.65±1.31	47.8±1.3
女宝宝	82.9±3.1	11.01±1.18	46.7±1.3

稳步不跌倒的学步期

这一时期称为宝宝的"学步期"，是宝宝吸收性思维和各种感知觉发展的敏感期，器官协调、肌肉发展和对物品发生兴趣的敏感期。

由于活动能力的提高，此时大多数的宝宝能够独立行走了。现在更加好动，走路更稳，可以向后退，动作已协调了许多，但一般还不会跑。而且宝宝现在也能

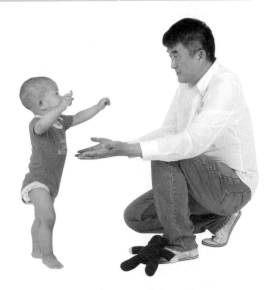

自己观察路线和道路情况，知道避开障碍，不像原来那么"没头没脑"地乱闯、那么容易摔跤了。

温馨提示

　　宝宝骨骼的特点是较柔软、富于弹性、韧性好，但容易受外力的影响而发生变形。因此，父母要在宝宝发育时期，特别注意宝宝的坐、立、走等姿势的正确性。

宝宝可以原地起跳

　　宝宝能够双脚离地做原地起跳，也能够独立从蜷坐着的姿势改为站立的姿势，还可以跪坐在地板上。在听到音乐声时会随着跳舞，也能够模仿着做体操。

　　这段时期，宝宝逐渐能够听懂日常生活中简单的话。对于有方向性的命令式语言，宝宝不用借助任何手势或面部表情就可以完全理解了。

　　宝宝的手渐渐灵便，可以在纸上乱画，使用勺子也比较像样了，吃完饭后，有时会将空碗递给父母去洗。想喝水时能自己熟练地举起杯子喝水，也能自己放下。许多宝宝在这时期里大小便前后已经能够知道叫人，说明宝宝已经有了一定的自控能力。有时还能够在家里模仿爸爸或妈妈做些事情，如扫地、擦桌子、捶打等。

温馨提示

　　会走以后的宝宝更喜欢四处探索了，对什么都好奇。但宝宝还没有危险意识，父母要注意让宝宝避开去一切危险场所。

消化系统开始逐渐成熟

这一时期，宝宝消化酶和胃肠功能的发育逐渐成熟，但是由于咀嚼和消化吸收功能仍不健全，很容易出现消化和吸收的问题，易形成挑食、偏食或贪食等不好的饮食习惯。由于免疫系统发育尚不完善，容易因抵抗力低下而引起消化系统和其他系统的感染性疾病。但是，消化功能以及消化酶的活性都需要通过食品种类的改变来逐渐完善，爸爸妈妈要给宝宝搭配合理卫生的饮食，帮助宝宝从小建立好的肠胃功能。

营养要全面均衡

在宝宝体内，蛋白质、脂肪、碳水化合物三种营养素所提供的热量所占的比例分别为：蛋白质占12%～15%，脂肪占25%～35%，碳水化合物占50%～60%。这个时期的宝宝，每日总热量的需求为每千克体重需要420千焦耳。

这个阶段，宝宝膳食的安排应尽量做到全面、品种多样化，给宝宝吃各种食物，如鱼、肉、蛋、豆制品、蔬菜、水果等，以保证宝宝身体的生长需要。一周内的食谱最好不重复，以保证宝宝有良好的食欲。还要注意进行多样化的营养搭配，比如荤素搭配、粗细粮交替。

谷类与豆类搭配

进入幼儿期后，粮谷类应继续成为宝宝的主食，其中碳水化合物、某些B族维生素、蛋白质等其他营养素很丰富。父母在选择这类食品时应以大米、面制品为主，同时加入适量的杂粮和薯类。在食物的加工上，粗细应合理。

同时，小米、玉米中含有β-胡萝卜素，谷类的胚芽和谷皮中含有维生素E，但是谷类中含有人体所需的氨基酸比较低，不是最好的蛋白质来源。而豆类中含有这类营养物质，所以可以谷类、豆类一起补充，起到互补的效果。

乳类食品要适量

乳类食物是宝宝优质蛋白、钙、维生素B$_2$、维生素A等营养素的重要来源。奶类钙含量高、吸收好，可促进宝宝骨骼的健康生长。同时奶类富含动物蛋白，是粗谷类蛋白的极好补充。但奶类铁、维生素C含量很低，脂肪以饱和脂肪为主，因而需要注意适量供给。过量的奶类也会影响宝宝对谷类和其他食物的摄入，不利于饮食习惯的培养。

肉蛋类食品营养好

这类食物不仅为宝宝提供丰富的优质蛋白，同时也是维生素A、维生素D、B族维生素和大多数微量元素的主要来源。适合经常出现在宝宝的餐桌上。

蔬菜水果不可少

蔬菜水果是维生素C、β－胡萝卜素的唯一来源，也是维生素B$_2$、无机盐（钙、钾、钠、镁等）和膳食纤维的重要来源。在这类食物中，一般深绿色叶菜和橙黄色的果蔬，小油菜、香菜、胡萝卜、柑橘类等含维生素C和β－胡萝卜素较高。蔬菜水果不仅可提供营养素，而且具有良好的感官性状，可促进宝宝的食欲，防治便秘。

含维生素的强化豆奶

这段时间，宝宝可以吃强化豆奶了。强化豆奶中的维生素B$_{12}$很多，对于不吃肉类产品的宝宝，可以从强化豆奶中摄取此营养。而且强化豆奶含有钙和维生素D，提供了自然脂肪，不含任何动物蛋白和乳糖，引起的过敏可能性要比牛奶小得多。

多摄入动物性蛋白

宝宝在成长过程中需要特定的氨基酸，每天按1千克体重2克蛋白质。氨基酸在面包、米饭、面条中含量很少，而在鱼、肉、蛋类等动物性蛋白中含量比较多。

所以，我们希望宝宝能够多吃鸡蛋、鱼、肉或牛奶，父母应鼓励宝宝多吃这类食物，牛奶不要断，鱼、肉类要补充够，主食要适量。

脂肪供给要充足

幼儿时期的宝宝活动量明显增大，脂肪代谢非常不稳定，储存在体内的脂肪易于消耗，供给不足，容易导致营养不

良、生长迟缓和多种维生素缺乏症。对宝宝来说，30%～35%的热能靠脂肪供给，而且宝宝的脑神经细胞正是发育的时候，因此就更需要脂肪营养素了。宝宝每日每千克体重需供给脂肪3克左右。

糖类供给要适量

糖类是热能的主要来源，能使肌肉和器官进行正常活动，并维持其正常的生理功能。如果宝宝摄入糖类过多，则可储存于肝脏或肌肉内，也可直接转化为脂肪；若摄入过少，机体只有动用脂肪及蛋白质作为能量，使体重减轻，并影响脂肪的消化吸收。

维生素D预防佝偻病

宝宝的骨骼最初以软骨的形式出现，软骨必须经过钙化才能成为坚硬的骨骼。这就需要维生素D来促进钙、磷的吸收和利用。因此，在宝宝生长发育时期，应让宝宝多晒太阳，多给宝宝吃些富含维生素D及钙质的食物，以防宝宝发生佝偻病。

温馨提示

脂肪可促进食欲，比如在饭菜中加点肉，不但会使饭菜味道更香，同时还可延长食物在胃中停留的时间，起到明显的耐饥作用。

矿物质和碳水化合物

宝宝在幼儿期各种矿物质的需要量与婴儿期差不多，但碘、锌的需要量较婴儿期有明显增加。宝宝每日每千克体重约需碳水化合物10克。

牛奶要每天坚持喝

爸爸妈妈要保证宝宝每天喝牛奶的量，而且不能太少。因为宝宝在生长发育的过程中都不能缺少蛋白质。虽然宝宝食谱中的肉食也含有蛋白质，但是由于宝宝这时的消化系统尚不完善，吸收量不足，远远满足不了生长发育的需求。而牛奶是优质蛋白质，既好喝，又方便，所以，从牛奶中补充蛋白质是最佳的选择。一般来说，这个时期的宝宝每天补充牛奶的量在500毫升左右。

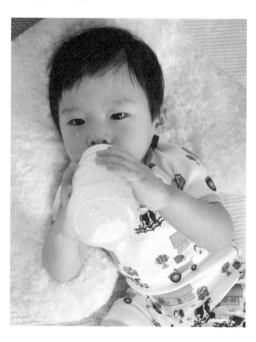

合理的饮食搭配

主食中的米面搭配。宝宝的主食除软饭外，还应常有挂面、面包、馒头、包子、饺子、馄饨、麦片粥、小米、玉米粥等，最好能轮流交替，这样可以避免宝宝因总吃单一食品而拒食。

副食中的荤素搭配。肉食中富含蛋白质，蔬菜中富含维生素、矿物质和纤维素。肉食中的瘦肉、鱼、禽、蛋、动物血应交替选用，深色蔬菜和豆制品应多选用；常吃些紫菜、虾皮、海带等富含铁、钙的海产品以及富含维生素A的动物肝脏；此外，还应多吃些蘑菇等菌藻类食品。

颜色搭配。食物的色香味及外观能刺激消化液的分泌，给宝宝准备的菜肴应特别注意颜色搭配，最好做到色彩鲜艳。

干稀搭配。点心类应将糕点、饼干、面包、包子配以豆浆、牛奶、赤豆汤、藕粉等来食用，做到干稀搭配，使宝宝乐于接受。

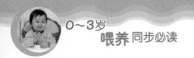
给宝宝适当吃些较硬的食物

1岁半的宝宝，已有一定的咀嚼和消化能力了，当宝宝能接受碎块状食物后，父母就应该适当给宝宝吃些较硬的食物，这样对宝宝的营养均衡和促进吸收都有好处，不仅扩大了宝宝的食物范围，而且锻炼了宝宝的咀嚼能力。

1岁前是饮食习惯最易养成的时期，爱吃软的、甜的、咸的、辣的都在此期间养成。爸爸妈妈要让宝宝吃一些磨牙饼干，甚至咬一些黄瓜条、萝卜条，这些都会使宝宝十分兴奋。咀嚼能使牙龈结实，有利于牙齿的萌出，并且缓解出牙时牙齿的不适。如果只给宝宝吃柔软的食物，宝宝不需要太多的咀嚼就吞咽了，长期这样下去，宝宝的牙床和脸部肌肉得不到运动，颌部的发育一定会受到影响。另外，让宝宝学会咀嚼还未剁碎的蔬菜、肉馅等富含纤维的食物，还有利于大便的排出。

宝宝刚萌生牙齿还不太清楚该如何使用，有些宝宝会把食物推到口腔前方用门牙咀嚼。大人要同宝宝一起嚼一些硬的固体食物，直接示范让他学会用臼齿。1~3岁的宝宝经常吃软食，既不利于牙齿的保健，也不利于全身健康，因为流质和半流质占据胃的体积多，会使宝宝因摄入热量不足而影响增重。

不可取的喂食方式

父母有时会用馒头蘸汤、在软饭里加汤，喂给宝宝。其实这种喂食方式是不可取的，它会导致宝宝的咀嚼能力变差。同时汤水还会冲淡胃液，影响宝宝的肠胃消化功能。长期这样会使宝宝发生营养不良的可能。

1周岁以内的宝宝如果食用味精过多会有引起脑细胞坏死的可能性，这对于处于智力增长迅速时期的宝宝来说，是一定要避免的。即使在宝宝长大后，父母也要尽量少给他吃含味精多的食物。

豆浆饮用的注意事项

给宝宝喝豆浆的时候，父母要注意避免一些问题，以免阻碍豆浆内营养的有效吸收。

不要在豆浆中加鸡蛋，鸡蛋中的蛋白容易与豆浆中的胰蛋白结合，使豆浆失去营养价值；不要在豆浆中加红糖，红糖中的有机酸和豆浆中的蛋白质结合后，会产生对人体有害的变性的沉淀物；同时注意不要过量饮用，以免引起蛋白质消化不良，出现腹胀、腹泻。

宝宝的零食

几乎所有的宝宝都爱吃零食。零食固然有不利于健康的地方，因为含糖，会损害宝宝的牙齿，吃多了引起宝宝发胖。但是零食也有其好的一面，父母要科学合理地对待。

零食有面包、饼干、水果、薯片、糖果等种种，其中有一些富含热量，如巧克力、薯片等，最好少给宝宝吃。糖果因其对牙齿的损害、容易卡住喉咙不安全，也最好不让宝宝吃。

有的零食可以锻炼宝宝的咀嚼能力，如水果、酥性饼干。水果可以给宝宝多吃，酥性饼干也可以适量吃一些。

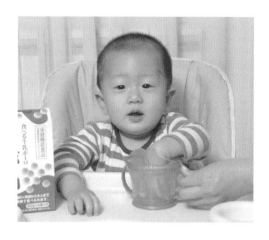

有的宝宝如果不喜欢吃主食，适量吃些有营养的饼干来补充营养也未尝不可；不喜欢吃鱼、肉、蛋类的宝宝，也可以从含奶、蛋的蛋糕等食品中获取动物蛋白。当然，这些前提是父母要选择富有营养、安全质量有保证的零食。

让宝宝自己用勺子

这个时期的宝宝喜欢自己进食，并且在一定程度上可以自己使用勺子。有的父母很头痛喂饭时宝宝总是要抢勺子，如果父母失去耐心，甚至对宝宝大吼大叫，或者当即没收宝宝的这项特权，宝宝只有干着急，有些胆子小的宝宝，学习吃饭的热情就因此浇灭了。

聪明的父母会这样做：先给宝宝戴上大围兜，在宝宝坐的椅子下面铺上塑料布或不用的报纸。刚开始时，给宝宝一把勺子，你自己拿一把，教他盛起食物并喂到嘴里，在宝宝自己吃的同时喂给他吃。用较重的不易掀翻的盘子，或者底部带吸盘的碗能够减少宝宝吃得一塌糊涂的情况。在宝宝成功时，给予鼓励。但要照顾到宝宝的实际能力，当宝宝吃累了，开始用勺子在盘子里乱扒拉时，父母就可以把盘子拿开。不过，可以在托盘上留点儿东西，让他继续尝试。

温馨提示

　　虽然宝宝现在已经可以吃成人食物了，也可以选择较硬的食物，但由于宝宝此时消化机能还没有发育成熟，因此父母要尽量给宝宝吃易消化的食物，避免过甜、过咸、过酸、刺激性的食物。

宝宝食欲下降的对策

　　妈妈可能会注意到学步的宝宝食欲明显下降，突然对吃的食物挑剔，刚刚吃一点就将头扭向一边，或者到了吃饭的时间拒绝到餐桌旁。这时，妈妈应该在每次吃饭时，准备一些营养丰富的食物，让宝宝选择想吃的食物，尽可能变换口味并保持食物中的营养。如果宝宝拒绝吃任何食物，可以等到他想吃东西时，再让他吃。但是，在宝宝拒绝吃饭以后，最好不要让宝宝吃饼干和甜点，这样会使他对正餐的兴趣下降。这样坚持一段时间，他的饮食营养就会达到平衡。要让宝宝意识到，现在不好好吃饭，过一会儿就没东西吃了。

营养食谱

生菜肉汁麦片羹

◀ 用料 ▶

30 克生菜，100 克猪骨，50 克麦片，淀粉、赤豆各适量，黄酒、盐、味精、葱末各少许。

◀ 做法 ▶

①将生菜洗净切成小片；猪骨洗净劈断待用。

②锅中放入猪骨，烧开后撇去浮沫；放赤豆、葱末，用中火煮 30 分钟，捞出猪骨和赤豆。

③在猪骨汤中放入葱末、麦片、生菜、盐，再煮 3 分钟，淋入用调味料调制的水淀粉勾芡即可。

◀ 用料 ▶

扁豆 30 克（3～4 个），肉排骨 1 块，黑木耳 1 朵，排骨汤 1 碗，婴儿面适量。

◀ 做法 ▶

①婴儿面打成颗粒状或用手掰碎。

②将扁豆、排骨肉、黑木耳一起放在榨汁机内打碎。

③把排骨汤放在锅内烧开，面条放入锅内，打好的扁豆等也一起放入，煮 10 分钟即可。

 说明：

扁豆、木耳是高铁食品，煮好后有点淡淡的青菜香。

扁豆排骨面

一日饮食参考

06：00

150毫升母乳或配方奶，1块布丁

08：00

1小碗番茄鸡蛋面

10：00

100毫升酸奶，2片水果

12：00

1碗猪肝碎菜米粥，半个馒头

15：00

1个桃子

18：00

100克饺子，50毫升红豆粥

21：00

200毫升母乳或配方奶

营养食谱之酱香面

（用料）

150克手擀面，80克猪肉末，1根黄瓜，油、黄酱各适量，葱末少许。

（做法）

①锅里放油，油热后放入肉末，煸炒变色后，放葱末、黄酱炒透，备用；黄瓜洗净，切细丝。

②把面条煮熟，捞入温开水里过凉，再盛入碗中，浇上炸酱、黄瓜丝，拌匀即可食用。

（说明）

香味浓郁，柔软适口。炸酱时要不断地翻搅，以免煳锅底。

营养食谱之玉米薄饼

（用料）

3个新鲜青玉米，葱、油各少许。

（做法）

①将青玉米粒用刀削下，稍加水，用搅拌机打成糊状，备用。

②将葱切末放入玉米糊中，搅拌均匀。

③饼铛里放少许油，油热后把玉米糊舀到饼铛里，摊成薄饼，用小火把两面烙成金黄色即可。

（说明）

玉米含有多种维生素，有很高的抗氧化活性，特别是玉米胚尖所含的营养物质，能增强人的新陈代谢功能，对宝宝的生长发育颇为有利。用玉米做成的饼，色泽诱人、清香扑鼻，而且口感好，是宝宝早餐不错的选择。可搭配蔬菜糊、蛋奶糊吃。

1岁半至2岁

身体发育状况

快2岁的宝宝体格的发育相对慢了下来，宝宝在1岁7个月时体重正常均值为10.69千克～11.24千克，身长正常均值为82.2厘米～83.46厘米。快满两岁时，宝宝已经能有16～20颗牙齿了。

随着活动的增加，肌肉的逐步发育，宝宝在婴儿时期的脂肪逐渐减少。宝宝的腿和胳膊逐渐加长，脸变得比以前更有棱角，下巴也显露了出来。

宝宝1岁半至2岁发育速查表

性别	身长（厘米）	体重（千克）	头围（厘米）
男宝宝	91.2±3.8	13.19±1.48	48.7±1.4
女宝宝	89.9±3.8	12.60±1.48	47.6±1.4

宝宝的四肢灵活有力

这个阶段，宝宝动作的协调能力和身体的灵活性都有明显的进步。

宝宝手的使用更加自如，能够自己捧着杯子喝水，独自吃饭；能够将玩具箱内的各种玩具取出来再放回去；还能自己打开包装好的东西，可以码放5块左右的积木，能够画出直线；还可以转动门把手把门打开。在玩球时，不仅可以很好地追赶着球跑，还会用手投球及用脚踢球。而且有的宝宝已经能够自己穿鞋子、穿衣服了。

宝宝腿上的肌肉开始变得有力，能够跨过高度为5厘米左右的障碍物，也能在一段时间内独自做"金鸡独立"，可以从楼梯的最后一阶蹦到地上。能蹬踩儿童三轮自行车。

大脑发育最迅速

这个阶段的宝宝各部位发育速度以大脑最快。宝宝对因果关系等理解力有所进步，并且已经颇具想象力，他会把所有圆圆的东西都说成像太阳，把弯弯的东西说成像月亮。记忆力也有很大进步，已经能够理解一些抽象的概念，如今天和明天、快和慢、远和近等，会数1～10甚至更多，喜欢问更多的"为什么"。

这一段宝宝的语言表达能力将发生质的飞跃：他以每个月平均说出25个新单词的速度发展着，满两岁时有可能达到近千个；宝宝将说出由两个单词组成的句子来，如他说"大狗狗""削苹果"等，能叫出日常见到的大多数事物的名称。

谷物提供热能

这个时期的宝宝，仍要以米、面、杂粮等谷物为主食，给宝宝提供热能。一天要有3次正餐、两次加餐。同时，父母要根据宝宝的体重来调整所需的热量，比如对于体重轻的宝宝，可以在食谱中多安排一些高热量的食物，配上番茄蛋汤、酸菜汤或虾皮紫菜汤等，开胃又有营养，有利于宝宝体重的增加。对于已经超重的宝宝，食谱中要减少吃高热量食物的次数，多安排一些粥、汤面、蔬菜等食物。

鱼、肉、蛋类提供蛋白质

在主食之外，鸡蛋、鱼、肉要供给充足，满足宝宝对蛋白质所需。宝宝每日蛋白质需要供给40克左右。其中一半应来源于奶，每天要保证摄入牛奶400毫升～500毫升。

但不能过分重视动物性食物，还要注意从蔬菜、水果等食物中摄取营养。只有饮食均衡且多样化，才能发挥各种食物在营养成分上的互补作用。

蔬菜提供维生素和矿物质

蔬菜含有宝宝身体所需的维生素和矿物质，父母要注意在宝宝饮食中添加蔬菜，并配合谷物给宝宝食用。但要注意多样适量，毕竟许多营养物质含在不同的蔬菜中。

肉类是铁的好来源

宝宝已经进入幼儿时期，从动物性食品中摄取铁质，要比从植物性食品中摄取的好吸收。父母应注意给宝宝做些肉类食品，以满足宝宝身体对铁质的要求。一般最好平均每天给宝宝吃15克～30克的肉类。动物肝脏、牡蛎是含铁量较高的动物性食品。

健脑食品

宝宝聪明与否，主要取决于大脑和智力的发育。除了先天素质外，后天的营养与智力的关系最为密切。合理的、足够的营养是宝宝大脑发育的保证，也对宝宝大脑发育起着促进的作用。现在，宝宝的大脑正快速发育着，新生儿的脑部重量只有350克，长至1岁时，已达1000克，而一般成人也只是有1350克。因此，父母在做日常饮食安排时，要记得给宝宝吃些健脑食物。

动物内脏、瘦肉、鱼肉。动物内脏、瘦肉、鱼肉等含有人体不能合成的必需脂肪酸，它是婴幼儿生长发育的重要物质，尤其是对中枢神经系统、视力、认知的发育起着极为重要的作用。

水果。特别是苹果，不但含有多种维生素、无机盐和糖类等构成大脑所必需的营养成分，而且含有丰富的锌，锌与增强宝宝的记忆力有密切的关系。所以常吃水果，不仅有助于宝宝身体的生长发育，而且可以促进智力的发育。

豆类及其制品。豆类及其制品含有丰富的蛋白质、脂肪、碳水化合物及维生素A、维生素B等。尤其是蛋白质和必需氨基酸的含量高，以谷氨酸的含量最为丰富，它是大脑赖以活动的物质基础。

硬壳类食物。硬壳类食物含脂质丰富，如核桃、花生、杏仁、南瓜子、葵花子、松子等均含有对发挥大脑思维、记忆和智力活动有益的物质。

安排健脑食物的注意事项

健脑食物应适宜于宝宝的消化吸收。只有能够消化吸收，才能使大脑得到营养。否则，不但达不到健脑的目的，反而易损伤宝宝的消化功能。

健脑食物应适量、全面。不能偏重于某一种或是以健脑食物替代其他食物。食物种类要广泛，否则易致宝宝营养不全甚至营养不良。

健脑食物的种类及数量应逐步添加。食物种类全面不等于一哄而上，要注意宝宝的特殊进食心理和尚未完善的消化机能。

均衡食用酸性食品和碱性食品。对酸性食品如谷物类、肉类、鱼贝类、蛋黄类等的偏食，易导致记忆力和思维能力的减弱，故应与碱性食品，如蔬菜、水果、牛奶、蛋清等科学搭配，均衡食用。

鼓励宝宝自己吃饭

这个时期的宝宝，随着独立意识更强，手脑更加灵活，喜欢自己握杯抓匙，多数都可以自己吃饭了。

对于这一点，父母应该支持鼓励。自食不仅可以训练宝宝的动作技巧和手眼协调能力，还可以培养宝宝对饮食的兴趣，增进食欲。在很多情况下，宝宝自己拿小勺舀饭当作玩游戏，抓着小勺"全力以赴"地对付碗中的食物。当经过不懈地努力终于将食物吃进嘴里时，宝宝的兴致就更高了。

宝宝不愿意自己吃饭

这一时期也有不愿意自己拿勺吃饭而愿意让妈妈喂的宝宝。

这样的宝宝多是对父母有很强的依赖性，对于这样的宝宝，父母可以把杯子、奶瓶、汤匙、手抓食物等放在宝宝容易看到、拿到的地方，当宝宝自己吃饭的时候，父母要在一旁鼓励宝宝、夸赞宝宝。但要注意的是，父母不要强迫宝宝自己吃饭，顺其自然地让宝宝发展，等宝宝再大一点时，自然就会自己吃饭了。

宝宝玩的时候喂饭不好

在宝宝玩的时候喂饭，不利于宝宝的消化吸收，因为吃饭不仅仅是嘴巴吃进去再咽下的事，而是全身一系列的反应。人在进食时看到饭菜首先引起大脑兴奋，在大脑的支配下，又使胃肠道系统有节律地运动、兴奋，分泌消化液，帮助食物很好地消化吸收，整个进食是一个有机的、完整的过程。如果吃饭时心不在焉，对大脑的刺激和支配作用减弱，以至于整个消化系统处于涣散状态，不利于食物的消化吸收。而且，宝宝的兴趣在玩上，根本不注意食物的色、香、味，难以促进食欲，再鲜美可口的食物也不能给宝宝留下印象。

温馨提示

运动能使身体主动、健康地成长。在适量运动的基础上，合理地补充营养素，才能起到真正的健脑与健身的作用。由于健身与健脑是相互联系、相辅相成的，因此处理好两者的关系，对宝宝的成长至关重要。

正确给宝宝加餐

如果把加餐看作是给宝宝补充一些营养，或调剂一下宝宝的胃口，是完全可以的。

爸爸妈妈给宝宝吃加餐，只应作为一种额外的补充，不能挤掉宝宝的正常饭菜，不能由着宝宝，特别对食量小的宝宝，如果觉得加餐中的小点心已在宝宝的饭食中占有一定的量，就应该及时给宝宝限量。

饮食要粗细搭配

在这个时期一味给宝宝吃精细食物，并不是好主意，父母应注意粗细搭配。

精制食物的营养成分丢失太多，因此，宝宝应少吃精细食物。另外，精细食物往往含纤维素少，不利于肠蠕动，容易引起便秘。但是，并不是说宝宝吃的食物越粗糙越好，就拿米面来说，加工太粗吃起来则难以消化吸收。因此，给宝宝吃的食物，既不要过于精制，也不要太粗糙，两者都要兼顾。

选好食物原料

宝宝吃得好，身体才能发育得好。对于已经接近2岁的宝宝，父母的一项重要工作，就是如何烹饪出色香味俱全的、宝宝喜欢吃的食物。

在菜肴原料的选择上，应选择新鲜、易煮烂、易咀嚼的食物，如多选新鲜绿叶菜，多选豆制品，鱼类选择肉多刺少的海鱼或淡水鱼，如带鱼、鲳鱼、鲶鱼等。肉类宜买少骨少筋的，如鸡胸脯肉、猪腿肉等。

食物加工要细心

在食物初加工时，应做到先洗后切。蔬菜先浸泡半小时至1小时，然后清洗；鱼、肉、虾应清洗干净，减少腥味；切菜时还应切得稍微小一点儿、细一点儿，既适合宝宝口形的大小，又可以成为宝宝的手指食品，能拿在手上吃。水产品、肉类须去骨、去刺。

挑选合适的生日蛋糕

宝宝快两岁了，父母会在宝宝生日时给宝宝订一个蛋糕。但对处于幼儿时期的宝宝来说，有些蛋糕是不适宜的，比如巧克力蛋糕或带有果仁、糖和蜂蜜等蛋糕，都不适合宝宝吃。类似胡萝卜蛋糕等比较合适，但在上面铺有的鲜奶油最好不要加糖。蛋糕的形状可以有些趣味性，或用鲜奶油装饰成卡通人物等。同时父母要注意在切蛋糕时控制好量，与宝宝平日吃的分量差不多即可。

鱼泥

◀ **用料** ▶

净鱼肉 50 克，水 100 毫升。

◀ **做法** ▶

①将鱼肉洗净，加水清炖 15 ～ 20 分钟。

②肉熟透后剔净皮、刺，用小勺弄成泥状即可。

说明：

能提供丰富的动物蛋白、B 族维生素等。鱼的体表经常会有寄生虫和致病菌；做鱼时要把鱼鳞刮净，鱼腹内的黑膜去掉。鸡、鸭、鹅的臀尖也会积淀有毒物质。尽量不用消毒剂、清洗剂洗宝宝用的餐具和炊具、案板、刀等，还要注意，可以采用开水煮烫的办法保持厨房卫生。

◀ **用料** ▶

50 克大米，1 个皮蛋，30 克羊肉末，姜末、盐各少许。

◀ **做法** ▶

①大米淘洗干净后，浸泡 1 小时左右；皮蛋剥皮，切丁，肉末用姜末、盐搅拌均匀，腌制 20 分钟左右。

②锅里放水烧开，放入大米，熬煮至快熟时，放入肉末和皮蛋，转小火煮10 多分钟即可食用。

说明：

此粥黏稠浓滑，鲜香有味，营养丰富，口感好，容易消化和吸收。

 皮蛋瘦肉粥

一日饮食参考

06：00

150毫升母乳或配方奶，1块布丁，60毫升肉松粥

08：00

开水或果汁30毫升～60毫升

10：00

100毫升酸奶，1块面包，2片水果

12：00

100毫升鸡肝米粥，60克青菜炒肉

15：00

100克水果，50克面包，紫菜蛋花汤

18：00

150克包子，50毫升虾肉松菜粥

21：00

200毫升母乳或配方奶

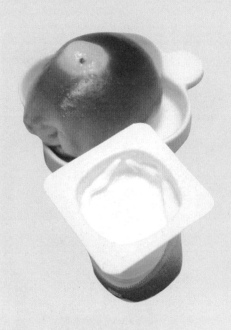

营养食谱之番茄牛肉面

(用料

100克细面条，100克牛肋条，1个番茄，葱段、姜片、蒜片、八角、盐、酱油各少许。

(做法

①番茄洗净，用开水烫后剥皮，切块；牛肋条洗净，切块，放入开水锅中汆烫，捞出。

②锅里倒入开水，放入牛肉块、葱段、姜片、蒜片、八角，用大火煮开，改用小火焖至熟软，再放入番茄、盐和酱油煮软。

③锅中倒水烧开，放入面条煮熟，盛入碗中，加入番茄牛肉汤汁即可食用。

(说明

香味浓郁，绵滑爽口。最好选用牛肋条肉，肉质细嫩，宝宝容易嚼碎，便于消化。

2岁至3岁

体型趋于成人了

在这个阶段，宝宝看起来似乎光长个子不长肉，发育最显著的变化是身体的比例。宝宝头部的发育速度开始减慢，四肢变长，肌肉因为经常锻炼而变得强壮，头和身体的比例更趋向成人。

宝宝2岁至3岁发育速查表

性别	身长（厘米）	体重（千克）	头围（厘米）
男宝宝	98.9±3.8	15.31±1.75	49.8±1.3
女宝宝	97.6±3.8	14.8±1.69	48.8±1.3

乳牙长齐了

宝宝的乳牙一般在两岁半以前就全部长齐了。父母一定要注意帮助宝宝预防龋齿，让宝宝每次饭后喝些凉开水漱口。吃了零食后，让宝宝自己拿着牙刷刷牙，也许宝宝并不能使用得很灵巧，但重要的是，帮宝宝渐渐养成习惯。为了防止宝宝咽下牙膏，要使用不含氟的儿童牙膏。

走得既快又稳

两岁以前，宝宝走路时步态还不稳，爬楼梯时，都是双脚站稳后再继续前进。而现在的宝宝，已经能独立行走了，对身体操纵更加灵活，后退和拐弯也不再生硬，走路的速度也快了，甚至还能抱着一个玩具走路。走动时也能做其他的事情，例如，用手、讲话以及向周围观看。爬楼梯时，可以单脚交互，一步一阶。今后的几个月，他跑起来会更稳、更协调。

现在宝宝还能做一些难度比较大的动作，如爬上高高的滑梯、上沙发、上床等。并且有的宝宝已经学会骑三轮童车、踢皮球、荡秋千等。

这个年龄的宝宝手的动作更加灵活了，不再用整个手掌抓笔，而是能用手指头握着笔了。宝宝能用铅笔画出圆形、三角形、四方形，灵巧一点的宝宝还可以画出简单的人物画，甚至能写2个以上的数字和汉字。到3岁时可以自己解扣子，脱鞋。

进入大脑最活跃期

宝宝已经满2岁了，进入了大脑的最活跃期，思维发展进入了一个快速爆发的时期。他对周围各种各样的事情都会产生非常强烈的兴趣，求知欲更加强烈，对什么事都想探个究竟。

宝宝在数字方面的发展比语言能力慢，但到了3岁时也渐渐有一些数字概念。到了3岁，宝宝才开始知道2个1加在一起是2，3个1加在一起是3。

当爸爸妈妈问宝宝冷、饿、渴、困时怎么办，宝宝已经能说出穿衣服、吃饭、喝水、睡觉等，能用复杂的句子表达自己的意图。宝宝还能完整地背一些儿歌，语言发育快的宝宝掌握的儿歌会更多。

认知能力进一步增强

2岁以后的宝宝对日常生活中常常碰到的一些事和物，有了一定的辨别力，而且懂得一些物品的用途。

宝宝对空间的理解力加强，对大和小的概念也非常明确，知道大人和小孩子的区别，也知道小盒子可以放在大盒子里面。宝宝现在已经能分清楚内和外、前和后、长和短等概念，对圆形、方形、三角形等几何图形有了认识，能够辨认出1、2、3，分清2种以上的颜色，搭积木时能砌3层金字塔。

温馨提示

宝宝这段时期开始懂得数字的意义，但一般最多只能了解到3或4。这个时期可以给宝宝提要求，比如说"拿两个苹果过来"，通过这种游戏，确认宝宝对数字理解的程度。

宝宝还能知道妈妈和爸爸及家庭中的一些人从事什么工作。还能将毛巾、牙刷、香皂、皮球、玩具猫等按用途进行分类。

这一时期宝宝可以较长时间专心地做一件事，玩玩具、念儿歌、看图片、看电视或观察一个物体等。记忆力也有所增强，在短距离内，能认得回家的路；回家能把幼儿园老师教的儿歌唱给妈妈和爸爸听，还能将在家里的活动告诉老师和小朋友听，并在记忆中出现联想。

营养需求提高了

宝宝进入2岁之后的幼儿时期，营养需求比之前有了较大的提高，每天所需的热量达到1200千卡~1350千卡，蛋白质、脂肪和糖类的重量比例逐渐为1：0.6：4~5

至1：0.8：4~5。维生素一般从蔬菜和水果中可以补充。

同时，随着宝宝胃容量的增加和消化功能的完善，每天的餐点逐渐由5次转向4次。在餐点逐渐减少的同时，每餐的量要适当增多。还要注意多让宝宝接触粗纤维食品，这些食品有助于促进肠道的正常蠕动。

DHA对脑部发育有帮助

给宝宝食用一些深海鱼类，如鲑鱼、鲭鱼、沙丁鱼、秋刀鱼等，因其富含DHA，会对宝宝脑部发育有很大帮助。

补铁不要过量

这一时期宝宝仍要补铁，以免引起缺铁性贫血，但不宜过量。目前市场上的补铁食品每100克含铁6毫克~10毫克的，属于按照婴幼儿食品国家标准强化的。不可以长期自行添加铁剂或强化铁食品给宝宝，如果宝宝体内含铁量过多，会导致体内铁与锌、铜等微量元素失衡，出现宝宝厌食、发育迟缓甚至中毒的现象。

吃饭速度不宜过快

由于宝宝的胃肠道发育还不完善，胃蠕动能力较差，胃腺的数量较少，分泌胃液的质和量均不如成人。如果进食时充分咀嚼，在口腔中就能将食物充分地研磨和初步消化，就可以减轻下一步胃肠道消化食物的负担。同时在细嚼之后，食物的色味反射使消化液分泌增多，促使食物更好地消化和吸收。一般来说，每次进餐时间在20分钟左右比较科学。

饮食要有度

有的父母对宝宝过分迁就，总认为宝宝没吃饱，宝宝要吃什么就给什么，要吃多少就给多少，像填鸭似的往宝宝嘴里塞，结果引起积食及肥胖。

严格来讲，饮食应根据宝宝生长发育的需要来供给，每餐进食量要相对固定，品种要丰富，营养要均衡。

不要饮食无规律

如果宝宝什么时候要吃，就什么时候喂，没有按时进食的习惯，每天餐次太多，餐与餐之间间隙不合适，饥饱不均，就容易造成宝宝消化功能紊乱，生长发育需要的营养素得不到满足。宝宝从小要养成良好的饮食习惯，进食要定时定量，一日三餐为正餐，早餐后2小时和午睡后可适当加餐，但也要适量。

对食物精挑细选有弊端

父母注重宝宝的营养是对的，但不用过分追求。有的父母会挑选出认为最好的营养食品给宝宝吃，在挑挑选选中，无形中给宝宝带来一种意识：食物是要精挑细选的。宝宝在吃东西时自然也会挑拣，最终导致偏食。

睡前不要吃得过多

这个时期的宝宝活动量明显增大，而到了晚上入睡前，大脑神经处于疲劳状态，胃肠消化液分泌减少。这时候给宝宝吃东西不仅使胃肠道的负担加重，不利于食物的消化和吸收，而且还会影响宝宝的睡眠质量，宝宝会因撑得难受而睡不安稳。

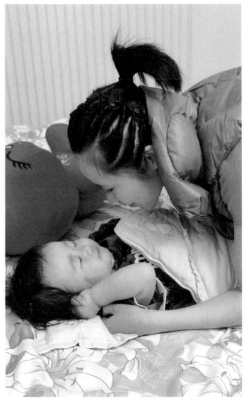

防止食物过敏

在这一阶段，要防止宝宝食物过敏。

食物过敏，是指食物中的某些物质（多为蛋白质）进入了体内，被机体的免疫系统误认为是入侵的病原，进而发生了免疫反应。食物过敏在婴幼儿中发生率较高。当宝宝发生食物过敏时，不要太担心，只要保持高度警觉，细心观察，配合医师的治疗与建议，找出可能的过敏原，宝宝就不会发生危险。

引起过敏的食物中最常见的是异性蛋白食物，如螃蟹、大虾、鳝鱼及各种鱼类、动物内脏。有的宝宝对鸡蛋，尤其是蛋清也会过敏。有些食物也会引起过敏，如扁豆、毛豆、黄豆等豆类，蘑菇、木耳、竹笋等菌藻类及香菜、韭菜、芹菜等香味菜，在给宝宝食用这些食物时应该多加注意。

预防食物过敏的措施

父母可以通过对食品进行深加工，去除、破坏或者减少食物中过敏原的含量。比如，可以通过加热的方法破坏生食品中的过敏原，也可以通过添加某种成分改善食品的理化性质、物质成分，从而达到去除过敏原的目的。

一旦发现宝宝对某些食物有过敏反应时，应立即停止食用。对于会引起过敏的食物，尤其过敏反应会随着年龄的增长而消失的食物，一般建议每半年左右试着添加一次，量由少到多，看看病症是否减轻或消失。

温馨提示

不要把食物不适应和食物过敏的概念混淆。食物不适应是指对于吃下去的食物，身体无法正常予以处理、消化、分解，因而产生某些症状。比如，有些宝宝只要喝到牛奶和牛奶制品，就会引起腹胀、腹痛、腹泻，主要是因缺乏分解乳糖的酶，并不是过敏。可食用去乳糖奶粉或酸奶。

营养食谱

什锦甜粥

◀ 用料 ▶

小米、大米、花生米、绿豆、大枣、核桃仁、葡萄干各适量，白糖少许。

◀ 做法 ▶

①将小米、大米、花生米、绿豆、核桃仁、葡萄干分别淘洗干净；把大枣洗净后去核。

②将绿豆放入锅内，加少量的水；煮至七分熟时，向锅内加水，下入小米、大米、花生米、核桃仁、葡萄干、大枣，推搅均匀；开锅后，转入微火煮至烂熟；给宝宝吃时，加入少许白糖。

◀ 用料 ▶

虾仁100克，鸡蛋2个，小白菜50克，油适量。

◀ 做法 ▶

①将虾仁洗净切成丁，放入碗中。

②小白菜去根洗净切碎，与虾仁放在一起搅匀。

③鸡蛋打入碗中，搅拌均匀。

④锅中倒入油烧至五成热时，倒入部分蛋液，炒熟捣碎，放入虾仁中拌成馅。

⑤取平锅，放些油，油热后，将蛋液放入平底锅，把蛋液摊成圆皮，皮中放馅，将蛋皮反折，包成蛋饺。

⑥把蛋饺放入蒸锅中蒸10分钟左右。

虾仁蛋饺

一日饮食参考

07：00

200毫升牛奶麦片粥，80克菜肉蒸饺

10：00

100毫升酸奶，1块面包，1根香蕉

12：00

50克鸡肝炒蘑菇，1个小馒头，60毫升番茄汤

15：00

100克水果，100克蒸鸡蛋羹

18：00

50克包子，50毫升虾肉松粥，30克莴笋炒肉丝

21：00

200毫升牛奶

营养食谱之香菇豆腐

（用料）

150克豆腐，50克香菇，30克木耳，胡萝卜、油各适量，葱花、盐、淀粉各少许。

（做法）

①香菇洗净，切片；豆腐切片；木耳择洗干净，撕成朵；胡萝卜削皮，洗净，切薄片。

②起油锅，倒油，把豆腐煎成金黄色。

③锅里留少许底油，炝葱花，加清水适量，放入香菇、木耳、胡萝卜、盐，盖上盖焖10分钟，然后再放煎豆腐，稍焖一下，勾芡，即可装盘。

（说明）

鲜香爽口，嫩滑亮丽，营养丰富。对宝宝的生长发育大有好处。香菇可用草菇代替。

第三章
吃对了食物，宝宝更健康

宝宝渐渐长大，爸爸妈妈开始给宝宝尝试各种食物，有些食物对宝宝的发育很有好处，父母在为宝宝添加辅食的时候，应注意适当补充。当然，也许有些食物是不适合宝宝的，这些食物应尽量避免。

能使宝宝聪明的食物

能使宝宝聪明的营养物质

健脑食物一般都能够对大脑起到三个作用：一是能使脑的结构素质转好；二是能使脑的功能转好；三是能清除妨碍脑发挥功能的不良物质。

大脑的发育，除了要有充足的氧气和葡萄糖维持机能及活力外，还需要各种营养物质，脂肪、蛋白质、铁、钙、磷质及钾、锰、锌、碘等。

脂肪是促进头脑健全的重要材料。人脑的重量除去水分后约有50%～60%是由"结构脂肪"组成的，它在构成脑的复杂而精巧的功能方面，起着非常重要的作用。因此，为了培养能从事高度复杂功能活动的头脑，宝宝要适量进食肉和鱼等动物性食物。

蛋白质是脑细胞的主要成分之一，占脑干重量的30%～35%，就重量来说，仅次于脂肪物质。蛋白质在神经细胞的兴奋与抑制方面起着重要作用。主宰人的智能活动的大脑，就是由脑细胞的兴奋与抑制来完成它的功能的。因此，宝宝应多吃富含蛋白质的食物。

各类维生素和磷、钙等微量元素虽不直接构成脑实质，但在改进脑细胞的新陈代谢、促进智力发育方面也起着重要的作用。比如，维生素能够改善脑部的血液循环，有助于促进大脑功能，增强记忆力。

糖是脑活动的能源。脑是大量消耗葡萄糖的器官。虽然脑的重量仅占全身重量的2%，但它消耗的能量约占全身能量消耗总量的20%。

鱼肉

鱼肉不但含有丰富的动物性蛋白质，而且有以下优点：肌肉之间的纤维较松，肉质细嫩，容易消化；含脂肪较其他动物少，含较多的钙质和磷质，有助于骨骼及大脑的发育；多含不饱和脂肪酸，可防止血栓形成及降低血脂，减低冠心病和动脉硬化的机会；含有较高核黄素，这是改善脑机能不可少的物质；含有丰富的铁、锌、铜及碘等元素。

蛋白质是宝宝脑部发育不可少的营养素，而鱼肉又含丰富的蛋白质，因此多吃鱼肉会令宝宝变得更聪明的说法是有一定道理的。

鱼子中有丰富的球蛋白、白蛋白、核蛋白等营养物质，以及与鱼头、鱼眼都含有不饱和脂肪酸DHA，对健脑益智有很明显的作用。一些鱼体内没有小细刺，比较适合宝宝食用，如鳕鱼、青鱼、鲶鱼、黄花鱼、银鱼等。

温馨提示

相比其他动物肉，鱼虾类的肉更具有健脑作用，因为鱼虾类属于是冷血动物，生活的环境水温接近冰点，只有这样它的组织和细胞构造才能最充分地发挥功能。鱼体内有许多聚不饱和脂肪酸的碳链，数量比其他动物脂肪所含的要多。

猪肉

猪肉中的蛋白质不算丰富，只有9.5%。但维生素B₁的含量很高，是牛羊肉的7倍、白菜的20多倍。猪肉还含有碳水化合物、钙、磷、铁等矿物质。

猪肉中最具有健脑作用的是猪脑，猪脑含有铁、磷、钙等多种微量元素。一般来说，动物脑含有丰富的脂肪酸，是制造人脑必需脂肪酸的诱导体的营养来源。

温馨提示

动物肝脏含有较多的铁质，铁质是组成血红蛋白的主要成分。常吃动物肝脏，可避免缺铁性贫血，使大脑获得充足的氧气，使大脑思维敏捷。

鹌鹑蛋

鹌鹑蛋含有丰富的蛋白质、脂肪，以及碳水化合物、钙、磷、铁等营养物质，鹌鹑蛋脂肪中的卵磷脂高于鸡蛋的3~4倍，是健脑益智的好食品。

鹌鹑蛋丰富的铁元素，可以帮助缺铁、血红蛋白较低的宝宝补铁。

温馨提示

各种蛋类中均含有乙酰胆碱，是一种能促进记忆的神经传输介质，因此多吃蛋黄可以补脑健脑，增强记忆力。

黄豆

黄豆营养丰富，含较丰富的蛋白质、脂肪、碳水化合物、β－胡萝卜素和维生素B$_1$、维生素B$_2$、烟酸等物质，素来有"豆中之王"的美称。

黄豆中含大脑所需的高品质蛋白质约40％，在粮食中位居榜首，与肉类蛋白质价值等同。黄豆还含有氨基酸，也是人类智力活动不可或缺的重要营养物质。

亚油酸是黄豆中的一种脂肪物质，能够促进儿童的神经发育。卵磷脂也是黄豆中的脂肪物质，是大脑细胞组成的重要部分，能够提高记忆力。经常摄取这些，对增加和改善大脑机能有重要的效能。

黄豆不易消化，父母可以把黄豆做成熟食或制成豆浆，给宝宝食用。

小米

小米是家庭中常见的谷物，营养元素却不可小觑。小米中的维生素B_1超过大米很多倍，矿物质含量也比大米多。

小米中含有丰富的淀粉、脂肪、还原糖、氮、蛋白质和膳食纤维，还有谷氨酸、脯氨酸、丙氨酸和蛋氨酸、固体和液体脂肪酸，在小米的外层薄膜上还有B族维生素、钙、磷、铁。其中的淀粉容易被人体吸收，小米中的氨基酸能够促进体内分泌5羟色胺，帮助睡眠、提高睡眠质量，从而让大脑得到缓解和休息。

父母可以用小米煮粥，也可以加入大米一起煮，小米粥不仅帮助宝宝智力发展，对体质虚弱的宝宝还有强体的功效。

温馨提示

在淘米时注意不要用手搓、长时间浸泡，也不要用热水淘米，以免小米外层薄膜上的营养物质流失。

玉米

玉米是除了水稻和小麦之外的世界三大农作物之一，是全世界公认的"黄金作物"。

玉米含有较多的谷氨酸，能够保证大脑的生理功能正常运转、增强记忆力、预防大脑功能的退化。从玉米胚中提炼的玉米油，含丰富的不饱和脂肪酸，也有利于提高大脑功能、预防心血管疾病。

玉米还有增强人体的新陈代谢、促进生长发育、延缓衰老的功效。玉米可健脾胃，宝宝腹泻后食适量玉米，症状可得到缓解。此外，玉米中丰富的谷胱甘肽、赖氨酸，在与体内的致癌物质结合后，能够消除致癌物质的致癌性，并把致癌物质有效排出体外，在一定程度上是预防癌症的食品。

玉米粒比较小，容易卡住宝宝喉咙，父母可以把玉米换一种形式给宝宝吃。比如，市售的玉米面可以做成粥糊喂给宝宝，或把鲜玉米榨成汁给宝宝喝。

南瓜

南瓜中的营养成分比较全面，并含有人体所必需的8种氨基酸，以及幼儿所需的组氨酸。其中丰富的亚麻油酸、卵磷脂和硬脂酸，能够促进婴幼儿大脑的发育和骨骼的发育。

此外，β-胡萝卜素可以在体内转化为维生素A，能够调节并保护机体，有利于维护皮肤、上皮组织的正常功能。丰富的糖、淀粉，以及磷和铁，还可以给宝宝补血，以免缺铁性贫血的出现。宝宝常吃南瓜还可保障大便通畅。

南瓜蒸煮后比较软，有甜味，做成泥糊状也很适合宝宝食用。同时市售的南瓜粉加入粥中或是做成糕饼也很方便。

温馨提示

南瓜分泌的胆汁可以促进宝宝的肠胃蠕动，帮助食物消化。同时，南瓜中的果胶可以让宝宝免受粗糙食品的刺激，保护宝宝的胃肠道黏膜。

黄花菜

黄花菜可以镇静安神、益智健脑，是一种营养价值高、具有多种保健功能的花卉珍品蔬菜，被称为"健脑菜"。

黄花菜味鲜质嫩，又不失营养，每100克干黄花菜中含蛋白质10.1克、脂肪1.6克、碳水化合物62.6克，比番茄和大白菜高出10倍之多。维生素A的含量比胡萝卜高1.52～2倍。碳水化合物、热量的含量与大米相似。此外，黄花菜还含有丰富的粗纤维、磷、钙、铁及矿物质。常吃黄花菜可使人精力充沛，提高记忆力和学习效率，延长睡眠时间，自然对宝宝的脑力发育有帮助。

黄花菜还可以有效地降低动物血清胆固醇，滋润皮肤、增强皮肤的韧性和弹力，同时还有抗菌免疫功能，有轻中度的消炎解毒功效，在防止传染方面有一定的作用。

对于不满3岁的宝宝来说，父母可以选择把干黄花菜经水泡胀后，与黑木耳搭配烹饪，当然要把它们切得小一点儿，方便宝宝食用。也可与蛋、鸡、肉等做成汤或烹炒。

温馨提示

生活中，我们一般都是食用干黄花菜，鲜黄花菜中含有"秋水仙碱"，经过胃肠道的吸收会产生较大的毒性，引起咽喉发干、呕吐、恶心等现象，还是不食为宜。食用干品时，最好先用清水或温水进行多次浸泡，这样可以去掉如二氧化硫等残留的有害物。

性植物，能够消除食用过酸食物的危害。而且有研究显示，婴幼儿常吃橘子，还可以使白血病的发病概率降低50%以上。

大蒜

大蒜中含有丰富的蒜胺、大蒜新素，以及蛋白质、糖、维生素A、维生素B、维生素C等营养元素。蒜胺成分可以帮助人体分解葡萄糖，利于大脑的吸收，有利于预防流脑。

但这并不代表橘子的食用是多多益善的，如果食用过多，橘子中过量维生素C会增多体内代谢的草酸，从而引起尿结石、肾结石；而且β-胡萝卜素过量则无法在体内及时转化，继而随血液的循环在体内沉积，导致"高胡萝卜素症"，即呕吐、食欲缺乏、全身无力，手掌、脚底皮肤甚至全身呈现黄染。

橘子

橘子中含有大量的维生素C、β-胡萝卜素、维生素B$_2$、维生素A和葡萄糖，是很好的健脑水果。

橘子还是钾元素的天然来源，且不含钠和胆固醇。橘子中的叶酸、纤维素、矿物质对健康非常有益。同时，如果人体食用过多酸性食物后，会使体内血液偏酸性，抑制体内的生化反应。而橘子属于碱

温馨提示

在食用橘子时，不能和下列食物之一共食：萝卜、牛奶。和萝卜共食，各自的分解物会相互作用，诱发甲状腺肿；和牛奶共食，橘子中的果酸、维生素C与牛奶中的蛋白质容易发生反应，凝固成块，影响身体消化和吸收，出现腹胀、腹痛、腹泻症状。

葡萄

葡萄也是健脑益智水果。葡萄含有钾、钙、磷、铁等多种矿物质，以及维生素A、维生素B$_1$、维生素B$_2$、维生素C、维生素P等，还有10多种人体必需的氨基酸，能够养血补脑、健脾和胃。

葡萄中丰富的葡萄糖和果酸，宝宝很容易吸收，在体内转化为热量。此外，葡萄含有黄酮类物质，有助于抗氧化；白藜芦醇，能够调节人体生理功能，起到镇静和抗疲劳的作用，还可以预防癌症。要注意的是，葡萄不能与海鲜同时吃，因为葡萄中的鞣酸容易与海鲜中的钙质相结合，形成不易吸收的物质。

温馨提示

葡萄呈球形，宝宝吃时容易卡住喉咙，父母在制作时可以选择葡萄汁，或去掉籽，把葡萄制作成利于宝宝吞咽的形式。同时要注意在吃葡萄后，不能马上给宝宝喝水，以免引起腹泻。

苹果

苹果中的锌能增强儿童的记忆力。如果儿童没有足够的锌，会使生长发育受到影响，损伤记忆力和学习能力。

苹果中含有碳水化合物、苹果酸，以及17种氨基酸，其中有7种氨基酸是人体内无法合成却又为人体所必需的。

苹果含有的微量元素氯，是胃酸的主要成分，也是细胞外液中的主要阴离子，能够维持体内的酸碱平衡，激活唾液中的淀粉酶。

苹果皮中有营养价值丰富的果胶，因此父母在选购时要挑选没有农药残留、没有虫斑和瘀伤的苹果，这样可以不削皮给宝宝吃，从而吸收全面的营养。同时尽量让宝宝吃果肉，不要榨成汁，以免营养成分氧化。

温馨提示

苹果中有很多维生素和酸性物质，但需要细嚼慢咽才能在体内充分被吸收并发挥作用。

核桃

一般人们提到益智的食物，总会先想到核桃。的确如此，核桃不仅营养价值高，其营养成分也利于人的大脑发育，尤其是对于脑部正在发育的宝宝。

核桃中含有丰富的脂肪、蛋白质、碳水化合物及膳食纤维，还有钙、磷、铁、β-胡萝卜素、核黄素、维生素B$_1$、维生素E、烟酸等。

核桃脂肪中的亚油酸、亚麻酸等不饱和脂肪酸，是宝宝大脑结构中脂肪的最佳组成，食后有利于健脑。核桃中的大量维生素，对于松弛脑神经的紧张状态，消除大脑疲劳也有着很好的效果。

温馨提示

核桃含较多油脂，多吃核桃会引发消化不良，导致腹泻，损伤脾胃功能。

芝麻

芝麻富含脂肪油、叶酸、烟酸、卵磷脂、蛋白质、钙、维生素E等，可补肝肾，润五脏。对提高智力、缓解大便燥结很有帮助。可将芝麻炒熟研成面加入食物、粥中。

同时，芝麻酱中含有丰富的蛋白质、铁、钙、磷、核黄素等。每100克纯芝麻酱含铁比同等量的猪肝高1倍，比鸡蛋黄高6倍。芝麻酱含钙量也非常高，10克芝麻酱的含钙量相当于30克豆腐、140克大白菜的含钙量。

让宝宝平时吃些芝麻酱，能很好地预防缺铁性贫血和佝偻病。而且芝麻酱中蛋白质的含量比瘦肉还高，所以经常给宝宝吃点芝麻酱很有益处。食品中有很多面食都添加了芝麻酱，如麻酱花卷、麻酱面、麻酱饼，相信大多数宝宝都会喜欢吃。

花生

花生含有丰富的脂肪和蛋白质，以及多种维生素、矿物质，含有人体所必需的氨基酸。其中脂肪约占45％，蛋白质约占36％，糖约占20％。

花生脂肪中的卵磷脂，能够帮助脑细胞发育，增强记忆力，有强脑功能。花生外的红皮可促进血小板生成。

温馨提示

花生仁容易卡住宝宝喉咙，不适宜2岁以下的宝宝吃。在加工制作时，父母可以给2岁以下的宝宝把花生煮透煮烂。2岁以上的宝宝吃花生仁时，也要充分咀嚼，以免发生意外。

花生油

花生油含多种不饱和脂肪酸。如油酸、亚油酸、棕榈酸、硬脂酸及花生酸等。这些不饱和脂肪酸是形成脑细胞的原生物质，为脑细胞的增加奠定了物质基础。

其他有类似营养的还有菜籽油、葵花籽油等植物油，都富含不饱和脂肪酸，利于宝宝脑部发育。

增强免疫力的食物

用饮食帮助宝宝远离疾病

宝宝体内的原料如果不足，就会减少抗病物质——抗体的合成，自然抵抗感染性疾病的能力就变弱，就会经常生病。父母想要宝宝不生病，从饮食方面要注意给宝宝多吃提升免疫力的食物，帮助宝宝调理体质，远离疾病。

谷类

谷类含胚芽和多糖，以及丰富的维生素 B 和维生素 E，这些抗氧化剂能够增强机体免疫力，加强免疫细胞的功能。米粉、麦粉都是宝宝不错的选择。

食用菌类

食用菌中的蛋白质属于优质蛋白，还含有人体必需的8种氨基酸。食用菌中的干扰素诱导剂可以抑制体内肝炎、带状疱疹、流感等病毒颗粒的增殖，腺嘌呤能抵抗感冒和结核，利于宝宝预防传染性疾病。食用菌有蘑菇、香菇、草菇、金针菇、木耳等。

含蛋白质的食物

蛋白质是合成各种抗病物质的原料，能制造白细胞与抗体，提高宝宝的抵抗力，使宝宝免受病菌侵袭。鸡蛋、牛奶、鱼类、肉类都含有丰富的蛋白质。

含维生素的食物

维生素A能够增强肺组织的抗病能力，保护宝宝的呼吸系统，维护口鼻黏膜健康，在呼吸系统疾病上给宝宝建立了"安全门"。维生素C属于抗氧化营养素，破坏病毒细胞组织的"自由基"，增强宝宝的免疫力。

番茄含有多种抗氧化强效因子，以及番茄红素、β-胡胡萝卜素、维生素C与维生素E，可保护细胞不受伤害，并能够使已经受损的细胞得到修复。

强壮骨骼的食物

强壮骨骼的营养物质

钙为增强宝宝骨骼必需的营养素。如果缺乏钙质会造成身高不足、佝偻病、骨质疏松症等疾病。奶制品是钙的主要来源，豆制品、绿叶蔬菜等食物也含有钙。

维生素C有利合成胶原质，是骨骼的主要基质成分，多在蔬菜、水果中含有。维生素D能够提高机体对钙的吸收，促进骨骼的正常钙化，并维持骨骼正常生长。维生素D含量高的食物有：奶油、蛋、鱼肉、动物肝等。

牛奶

牛奶含钙丰富，500毫升牛奶就含钙600毫克，而且更易于人体的吸收。此外还有多种矿物质、维生素、氨基酸、乳酸等，可以促进钙的消化和吸收。其他奶类制品，如酸奶、奶酪、奶片，也都是不错的钙来源。断奶后的宝宝每天也应该保证至少250毫升的牛奶，以确保钙的摄入。

温馨提示

给宝宝补钙是父母普遍关心的问题，市场上有许多不同品种的钙剂，但是补钙还是以食补为宜，因为许多钙剂并不能达到预期的补钙效果。同时要注意不要给宝宝喝汽水，以免影响钙质的吸收。

海带和虾皮

海带和虾皮是富含钙的海产品，此外还能够降低血脂，预防动脉硬化。父母可以用海带炖肉，把虾皮做成汤或馅给宝宝添加。

海带含有人体所需的丰富的碘、铁、钙、蛋白质、脂肪、淀粉、维生素B$_1$、维生素B$_2$、β－胡胡萝卜素、烟酸、甘露醇及其他矿物质。

海带中的碘含量高，对宝宝的大脑和性器官发育有重要的作用。丰富的烟酸高于大白菜、芹菜含量5倍之多，是人体新陈代谢的好帮手。

虾能够给宝宝提供优质蛋白，钙、磷、铁的含量也很高，对宝宝的骨骼发育等大有好处，且易于消化。

虾肉中，含蛋白质最丰富的是对虾，其次是河虾。宝宝在咀嚼能力不强的时候，无法直接食用虾肉，父母可以把虾作为原料添加到食物中给宝宝吃。

豆制品

高蛋白食物——大豆含钙量也很丰富。父母应给宝宝适量添加豆制品补钙。

骨头汤

动物骨头80％的成分都是钙，可以把动物骨头做成骨头汤。由于动物骨头中的钙不易吸收，父母在加工时最好先把骨头敲碎，然后用文火慢煮，让宝宝喝汤，吃骨髓。还可以用骨头汤煮面条。

蔬菜

一些蔬菜中也含有丰富的钙质，如小白菜、油菜、茴香、香菜、芹菜等。多给宝宝吃蔬菜也能起到补钙的作用。

对发育有益的食物

胡萝卜

胡萝卜是膳食中维生素A的重要来源之一，胡萝卜还含有蛋白质、脂肪、碳水化合物、钙、磷、铁、维生素、β-胡萝卜素、核黄素、烟酸等营养物质。

胡萝卜中的β-胡萝卜素在体内可以转变为维生素A，是宝宝生长发育不可或缺的营养物质，对保护眼睛、抵抗传染病、促进生长发育有很大的帮助。

由于β-胡萝卜素只有溶解在油脂中才能转变为维生素A，如果生吃，则无法转变，所以，父母在制作时，需要煮熟或炒透后再给宝宝吃，从而使营养充分被吸收。

白萝卜

白萝卜中的维生素C很丰富，此外还含有碳水化合物、钙、磷、β-胡萝卜素、芥子油等营养素。

白萝卜中的萝卜素可以促进血红素的增加，芥子油及粗纤维能够促进胃肠蠕动，有利于宝宝的身体成长。而且宝宝添加辅食后就可以吃，烹饪后的萝卜软嫩可口，是强健身体的有益食物。

 温馨提示

白萝卜中的很多营养成分都在叶和皮中存在，父母在烹饪时，可以一同做进食物中，以保证营养的全面。

番茄

番茄是为人熟知的营养丰富的蔬菜。

番茄中含有丰富的碳水化合物、β-胡萝卜素、维生素B_1、维生素B_2、维生素C、维生素P及钙、磷、铁等矿物质。其中富含的维生素A原在体内可以转化为维生素A，促进宝宝的生长发育。番茄中的有机酸，如苹果酸、柠檬酸，能够增加胃液酸度，调整宝宝肠胃功能。

 温馨提示

在宝宝腹泻时，最好不要吃番茄，以免使腹泻加重。

对皮肤好的食物

含维生素A的食物保护皮肤

维生素A能够生成肌肤真皮层内的胶原蛋白和弹力纤维，促进调节并保护机体，维护皮肤、上皮组织的正常功能，让肌肤紧致、有弹性。宝宝常用的鱼肝油以及胡萝卜、猪肝、菠菜中都有丰富的维生素A。

含维生素C的食物使皮肤白皙

宝宝的皮肤细嫩柔润，若是兼有白皙透红则更惹人喜爱。虽然皮肤的颜色与种族、地区、环境等有关，但某些食物也能让皮肤显得白皙诱人。

肤色的深浅与黑色素的代谢关系密切。在人的表皮基底层有一种黑色素细胞。黑色素生成越少，皮肤越白皙。黑色素生成是靠酪氨酸酶及多巴和多巴醌，抗氧化物维生素C能中断黑色素生成的过程，可阻止生成的多巴醌进一步氧化而被还原为多巴，并能降低血清铜和血清铜氧化酶的含量，影响酪氨酸酶的活性，从而干扰黑色素的生物合成。因此多进食一些富含维生素C的食物，如番茄、橙子、柠檬、酸枣、山楂、柑橘等，可以使皮肤变得较白皙。

含维生素E的食物强健皮肤

维生素E从皮肤的内部做起，照顾肌肤的根本，增加肌肤抵抗力，帮助肌肤强健。

日晒、空气污染、压力会使皮肤产生自由基，维生素E则能够中和自由基，保护肌肤组织，促进皮肤微血管循环，让宝宝皮肤中的血液健康透亮，宝宝看起来自然红润可爱。小麦胚芽、豆类、菠菜、蛋、甘蓝菜里，都有丰富的维生素E。

含胶原、弹性蛋白的食物

胶原蛋白能使细胞变得丰满，弹性蛋白能使皮肤弹性增强。富含胶原蛋白和弹性蛋白多的食物有猪蹄、动物筋腱和猪皮等。可以将这些食物做成汤给宝宝食用。

不宜多吃的食物

含糖饮料

喝大量含糖的果汁等饮料会危害宝宝的健康，导致肥胖、营养不良，影响肝脏的正常功能。大多数饮料都只含有糖和香精、香料，没什么营养价值。宝宝喝太多饮料后，影响正常食用正餐，如果正餐照吃，又会因为摄入糖类过量，造成体内能量过剩，引起肥胖。

浓茶和咖啡

浓茶和咖啡等刺激性比较强的饮料，会影响神经系统的正常发育。浓茶中的鞣酸、咖啡因会影响宝宝肠胃、心肾和神经系统。

咖啡中的咖啡因会兴奋大脑皮质。婴幼儿对咖啡因更为敏感，饮后易出现兴奋、烦躁、吵闹、失眠等症状；另外，咖啡因还可破坏钙的吸收。

松花蛋

松花蛋是很多人都喜欢吃的食品，但在胶制松花蛋的原料中，含铅量很多，对神经系统、造血系统和消化系统会造成一定的危害。而宝宝对铅毒更加敏感。成年人对吃进的铅质吸收率为5%~10%，宝宝的吸收率高达50%，而且宝宝的脑部神经系统还未成熟，更容易受铅毒危害，影响智力的发育。

竹笋

竹笋中的膳食纤维可以促进肠道蠕动，降低体内胆固醇浓度。但是竹笋中有较多草酸，对于成长发育期间的宝宝来说很不利，因为草酸极易与食物中的钙、铁、锌、铜等元素结合成盐类，不溶于水，妨碍人体吸收这些营养。

冷饮

宝宝胃肠道黏膜比较娇嫩，对冷刺激反应敏感，吃了过量的冷饮后，胃内温度骤然降低，引起胃黏膜血管收缩，胃液分泌减少，肠蠕动加快，从而影响食物的消化吸收；冷刺激还会使胃肠道神经兴奋性增高，引起胃肠痉挛，出现绞痛；胃液分泌减少后，杀菌能力大大降低，细菌钻了空子，宝宝就会出现呕吐、腹泻、消化不良、食欲不振等疾病；而且冷饮含糖高并含食用色素，不仅易降低食欲、引起消化系统紊乱，还会对宝宝牙齿、身体造成损害。

巧克力

巧克力是一种热量很高的精制食品，吃得过多对宝宝并非有益。巧克力的主要成分是糖和脂肪，因此能提供的热量比较高，具有独特的营养作用。但是巧克力所含蛋白质、维生素非常少，而这些营养素是宝宝在生长发育中所必需的。因此对于宝宝来说，巧克力并不是理想的营养品。另外，巧克力属于甜食，宝宝如果吃了过多的巧克力会影响食欲。时间长了，就会直接影响宝宝的身体健康。

味精

一些爸爸妈妈为了增进宝宝的食欲，在烧菜时会加入较多的味精。

科学家研究发现，大量摄入味精会加重婴幼儿缺锌，因味精能使血液中的锌转变成谷氨酸锌从尿中排出体外。所以，长期食用味精，反而会加重宝宝厌食。

第四章
营养不均衡所导致的疾病

有的宝宝可能会因为营养不均衡而缺乏某种营养素，只要爸爸妈妈注意观察，适当补充，宝宝仍会恢复健康。营养不均衡是父母容易忽视的疾病，其实只要注意食物的科学搭配，这种情况完全可以避免。

营养摄取不当

营养不良的表现

营养不良是指缺乏蛋白质和热能的一种营养性疾病，多在3岁以下的宝宝身上出现。宝宝患营养不良最初会表现为体重不增或略有下降，皮下脂肪变薄，继而出现消瘦、皮肤干燥、弹性下降、肌肉松弛等现象，精神萎靡或烦躁，运动发育落后，生长停滞。最后皮下脂肪完全消失，几乎呈皮包骨状，体重下降明显，体温偏低，心跳缓慢，反应迟钝，对周围事物不感兴趣，食欲差，不思饮食等。

导致营养不良的因素

喂养方面 如果妈妈母乳不足又没有及时给宝宝添加辅食，宝宝容易有挑食、偏食的不良饮食习惯，使得长期营养和热量摄入不足，造成营养不良。

疾病方面 一些消化系统疾病，使宝宝因反复呕吐、腹泻、腹痛，不能很好地消化食物、吸收营养而导致营养不良。一些慢性消耗性疾病，比如反复发作的肺炎等疾病，因长期发热使宝宝食欲缺乏，食物量减少而消耗增加，导致营养不良。

与饮食喂养有关的营养不良，父母应改善喂养方法，合理按步骤地添加辅食，纠正不良饮食习惯；因疾病导致的，应积极治疗原发病。

3岁以下的宝宝消化能力较弱，父母在给宝宝补充营养时切忌过多过快，以免加重消化功能紊乱，应遵照"循序渐进、逐步充实"的原则。

 温馨提示

宝宝患营养不良时，父母要注意使宝宝避免呼吸道感染，比如让宝宝远离家中或外界的感染病患者；保持皮肤清洁干燥，勤洗澡并做按摩，以减少褥疮和皮肤感染的发生；病情好转后，可适当抱起活动，促进智力、体力的恢复。

肥胖症的危害

体内脂肪积聚过多会形成肥胖症，这是常见的营养性疾病之一。过量食用牛奶、肉类、蛋类等物质还会加重宝宝的消化系统和肝脏的负担，加速胰腺、胃液等消化液的分泌，逐渐引起消化系统、内分泌系统功能失调，还会对心脏造成压力过大，加速冠状动脉硬化。此外，营养过剩还容易导致宝宝出现弓形腿、扁平足等畸形情况。宝宝过于肥胖，也会增加自卑、孤僻等不良心理。而宝宝一旦形成肥胖，便不愿意运动、贪吃，形成恶性循环。

宝宝摄入营养过多，使摄入热量超过消耗量，把多余的热量以脂肪形式储存于体内致肥胖。错误的饮食习惯，如过早给宝宝吃高热量的固体食物均可造成肥胖。

怎样避免肥胖症

对于肥胖症的宝宝，父母可多给宝宝吃热量少、体积大的蔬菜、瓜果等食物，不要摄食过多甜食、淀粉类及高脂肪食物，同时加强宝宝的体格锻炼。对于正常的宝宝，父母也要给予均衡地、科学地摄入营养，不要过分关注和焦虑宝宝的营养补充，要根据宝宝的实际需求给予，不用担心是否给予过少，因为宝宝饿的时候会表达出情绪的，这样还能锻炼宝宝的情绪表达能力。

神经性厌食症的表现

厌食症是小儿常见症状，发病率高，多见于1~6岁的儿童，以较长时间的食欲减退或消失为主要特征。轻者仅表现为精神弱、疲乏无力；重者表现为营养不良和免疫力下降，如面色欠佳、体重下降、皮下脂肪减少、毛发干枯、贫血和容易感染等。长期营养素摄入不足，可造成营养不良和免疫功能下降，不仅影响宝宝的生长发育，还会给病邪以可乘之机。

不良饮食习惯，一些消化道疾病及锌缺乏都可能引起神经性厌食症。

怎样避免神经性厌食症

首先应明确厌食的原因，积极治疗原发病，有针对性地治疗。

建立良好的饮食习惯，如平时少吃零食，不要偏食挑食，少吃高糖、高蛋白食品，吃饭要定时。

用中药调理、捏积、推拿和针灸治疗疗效也很好，但宝宝对针灸疗法多有抵触心理。必要时，可采用口服药物进行治疗。

温馨提示

一些药物的不良反应，如红霉素、阿奇霉素、磺胺药或氨茶碱等药物，也会导致神经性厌食症的出现。

缺乏维生素

维生素A缺乏的表现

维生素A缺乏症是因体内缺乏维生素A而引起全身性疾病，一般多在婴幼儿或患营养不良的宝宝身上出现。家长可通过眼部、皮肤等变化判断宝宝是否患有维生素A缺乏症。

如果宝宝的眼睛贴近角膜的结膜边缘处有形似泡沫的白斑——结膜干燥斑，宝宝可能患有维生素A缺乏症。

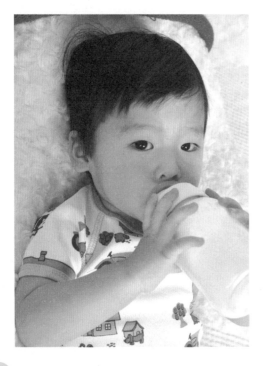

缺乏维生素A时皮肤也会发生改变，由于增生的角化物充塞于毛囊腔内，并突出于表皮，使宝宝表现为皮肤粗糙、干燥、脱屑，但多出现于4岁以上的儿童，在0～3岁的宝宝中不常见。

维生素A具有促进骨骼发育的作用。缺乏维生素A时，宝宝可出现体格发育迟缓和牙釉质发育不良。此外，还可有反复感冒、食欲下降、贫血等表现。

让宝宝远离维生素A缺乏症并不难，应尽量母乳喂养，宝宝吃牛奶时应选择全脂奶，可在宝宝出生后2周加鱼肝油。婴儿每天需维生素A1500～2000国际单位，儿童每天需2000～4500国际单位。3～4个月添加蛋黄、菜泥等辅食。多吃富含维生素A的食物，如猪肝、蛋黄、牛奶、胡萝卜等。

导致维生素A缺乏的因素

摄入不足 宝宝出生时肝内储存的维生素A很少，很快被消耗尽。如果喂养不合理，如长期喂淀粉类食物或脱脂乳、奶量不足、未按时添加辅食等情况，造成维生素A摄入不足而发病。

消耗增加 患有麻疹、迁延性肺炎等慢性呼吸道感染性疾病时，维生素A的消耗量增加，患有恶性肿瘤、泌尿系统疾病时维生素A的排泄增加，这两种情况同样可引起维生素A缺乏。

代谢障碍 缺乏蛋白质影响维生素转运蛋白的合成，致使维生素A在血浆中的浓度降低；缺乏锌使维生素A结合蛋白、前白蛋白、维生素A还原酶都降低，维生素A不能被利用而排出体外；甲状腺功能低下和糖尿病，使β-胡萝卜素转变成维生素的过程发生障碍。

B族维生素缺乏的危害

维生素B_1是能量代谢的一种酶，如果缺乏就会影响人体碳水化合物的代谢、氨基酸和脂肪酸的代谢，使能量减少，继而影响神经系统和心血管系统的正常功能。脚气病一般发生在宝宝2～5个月时，致病往往很严重。

缺乏B族维生素一般直接的危害就是皮肤受损，最常见的是维生素B_2和烟酸缺乏导致的皮肤病。

当宝宝缺乏维生素B_2时，如脸颊、眉间、鼻翼两侧、耳后、腋下、乳房下、腹股沟处等皮脂腺分泌旺盛部位，皮肤皱褶处会出现皮炎。出现皮炎后，会皮脂增多，有脂状黄色鳞屑和轻度的红斑，女宝宝出现会阴瘙痒、阴唇皮炎等，男宝宝出现阴囊处糜烂、渗液、脱屑等。

当宝宝缺乏烟酸时，所导致的皮炎一般来说呈对称性出现。在脸、颈、手背、脚背、背部、膝盖、肘等容易受摩擦的地方出现，先是红肿、有溃疡和水泡，继而皮肤转为红棕色，粗糙脱屑。

怎样从食物中补充B族维生素

维生素B_1一般存在于谷类胚芽和米皮中，维生素B_2一般在动物内脏、深色蔬菜、粮食中。烟酸一般都是以辅酶的形式存在于食物中，消化后在胃和小肠中吸收，父母一般给宝宝服用复合维生素B，就能补充烟酸。

维生素C缺乏的危害

维生素C可以抵抗坏血病，因为它可以促进合成胶原蛋白，维护血管、肌肉、牙齿、齿龈的正常功能。如果缺乏，导致胶原蛋白合成有障碍，会增加毛细血管壁的通透性和脆性，容易出血，称为坏血病。皮肤下可以看见出血点，如果严重的话，则呈现瘀斑。宝宝发生这种情况的，瘀斑多在下肢出现。维生素C缺乏也会导致牙龈出血。

什么食物可以补充维生素C

母乳喂养时，妈妈要饮食合理，偏食、挑食、少食蔬菜都会导致母乳中维生素C不足，继而影响宝宝。添加辅食的宝宝要多摄取维生素C，多吃新鲜蔬菜和水果，也可以口服维生素C，一般婴幼儿每日需要维生素C30克～50克。

佝偻病与手足搐搦症

佝偻病常出现于幼儿期，它是由于缺少维生素D所致。宝宝在6个月左右时便会出现乒乓头、肋骨外翻、鸡胸等情况，1岁学走路时还会出现O型腿、X型腿。

维生素D缺乏还可引发手足搐搦症，又称低钙惊厥，多在冬春季节出现。主要表现为惊厥、手足搐搦和喉痉挛。

宝宝为什么会缺乏维生素D

有的父母可能由于怕宝宝感冒等原因而不愿意常带宝宝到户外晒太阳，或者现在城市中的楼房过高遮挡住了阳光，使宝宝日照不够而出现缺乏维生素D的现象。

有些疾病会影响宝宝体内对维生素D的消化和吸收，比如长期慢性的腹泻、婴儿肝炎综合征、先天性胆道狭窄和闭锁。

如果母乳喂养，奶汁充足，营养丰富，宝宝又经常晒太阳，可不服鱼肝油。如宝宝吃牛奶，一般在出生后两周开始喂鱼肝油。适当进行户外活动，经常晒太阳，可以补充维生素D，但要注意保护眼睛。

缺乏微量元素

铁缺乏都有哪些危害

铁是造血原料之一。母乳、牛奶中含铁量较少，如果在宝宝4个月后，没有及时添加含铁的食物，宝宝无法吸收足够的铁，而且通过排泄也会流失铁，这样便会出现营养性缺铁性贫血。患贫血的宝宝疲乏无力、脸色苍白、皮肤干燥、头发易脱没有光泽，指甲出现条纹。严重的宝宝还会出现一些喜食泥土等"异食癖"，或精神分裂、智力障碍。

铁还是体内许多酶的辅酶，缺乏铁，除了引起贫血，还会导致体内代谢过程受到影响，使组织和细胞的正常功能受到阻碍，危害全身。比如使消化系统受影响，宝宝会出现口腔炎、厌食、胃肠消化吸收功能减弱等。

宝宝在幼儿期生长发育的速度很快，对铁的需求也要多于成人，更需要及时补充铁。缺铁性贫血多发生在宝宝6个月之后，3岁之前。父母应该从4个月就给宝宝补充铁。

锌缺乏都有什么表现

　　锌是人体必需的微量元素之一，它参与体内多种酶的合成、稳定细胞膜、改善食欲、维持免疫功能、调节激素代谢等。因此，如果缺锌，人体就会出现许多问题，如食欲下降或厌食，这是由于味蕾功能减退、味觉下降所致。如生长发育迟缓，锌缺乏会导致核酸和蛋白质合成减少，加之食欲下降，从而影响小儿生长发育。智力也会受到一定影响，如理解能力、记忆力下降等，补锌后症状可明显改善。缺锌还可造成皮疹、口腔溃疡、白内障、性发育迟缓等问题。

　　提倡母乳喂养，初乳中含锌量较高，锌利用率也较高，因此，母乳喂养对预防缺锌有利。人工喂养儿可给予强化了适量锌的配方奶。膳食营养素搭配合理，按阶段添加蛋黄、菜泥、瘦肉、鱼泥、猪肝、坚果等辅食。必要时可在医生的指导下服用常用硫酸锌或葡萄糖酸锌等制剂。

温馨提示

　　补锌不能过量，也不能过快，若长期大剂量口服锌制剂而不去医院检查，有可能造成锌中毒，会有呕吐、腹泻等胃肠道症状。

缺碘引起的疾病有哪些

婴幼儿缺碘容易引起克汀病、亚临床型克汀病。甲状腺肿大在幼儿期并不常见。

克汀病一般发生在宝宝两岁之前。患病的宝宝智力低下，甚至不能进食，在听力、语言、运动上有障碍，有的还会出现黏液性水肿、发育缓慢、矮小、上身较长等。亚临床型克汀病由轻度的缺碘导致，宝宝表现为智力、体格发育略有落后。

缺钙的表现

多汗、夜惊。有些宝宝总出汗，比如晚上睡觉时，就算气温不高，也总是出汗，宝宝头部总是摩擦枕头，逐渐在脑后形成了枕秃圈。有的宝宝还会在晚上啼哭、惊叫，出现"夜惊"。

厌食、偏食。许多厌食、偏食多是缺钙所致。在人体消化液中有许多钙，如果钙元素摄入不足，就容易导致宝宝出现食欲缺乏、智力低下、免疫功能下降等症状。

出牙晚、不齐。钙是使牙齿坚硬的物质。如果缺钙，牙床内质的坚硬程度降低，使宝宝咀嚼较硬食物困难，宝宝牙齿发育过程中出现牙齿排列不齐、上下牙不对缝、咬合不正、牙齿松动、容易崩折、过早脱落等现象。

骨质软化。钙对于骨骼发育起到重要作用。在宝宝学步时期，如果缺钙，容易导致骨质软化，宝宝易出现"X"形腿、"O"形腿等。

父母在宝宝缺钙时要及时给宝宝添加含钙丰富的食物，如牛奶、鱼、大骨汤、虾皮、海带等。一般来说，只要注意补充，宝宝缺钙症状很快就会得以改善。如果症状较重，父母可听从医生意见，适量补充钙剂和维生素D。

第五章
宝宝常见疾病与饮食调养

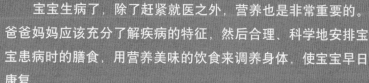

宝宝生病了，除了赶紧就医之外，营养也是非常重要的。爸爸妈妈应该充分了解疾病的特征，然后合理、科学地安排宝宝患病时的膳食，用营养美味的饮食来调养身体，使宝宝早日康复。

感 冒

识别、预防和应对

感冒是呼吸道最常见的一种传染病。

初起症状为鼻塞、喷嚏、咽干或有灼热感，之后开始流清鼻涕、流泪。2～3日后出现咳嗽，吐少量白色黏痰，此时鼻涕由稀变稠。如无并发症，一般5～7日自愈。说话鼻音重，咽部轻度充血，淋巴滤泡增大，扁桃体红肿，继发细菌感染时则有灰白色点状渗出物，眼结膜充血，重者体温可升高至38℃～39℃，而且畏寒、发热、乏力倦怠。

在感冒的最初几天，宝宝食欲不振时，父母可以把牛奶调稀一点，多给宝宝喝些水和果汁。应多吃一些比较清淡、易消化的食物，避免吃煎炸、油腻、生冷食物。

调养食谱之萝卜生姜汁

生姜能够增加人体新陈代谢、促进发汗。在宝宝刚感冒的时候，喂给宝宝一些姜汁，可以温暖身体，通过发汗来降热。生姜还可以消炎、化痰，缓解感冒。同时萝卜可以祛邪热、消积饮、宽胸肠，配合生姜服用，对治疗感冒有一定的功效。

用料：鲜萝卜250克，生姜15克。

制法、服法：首先将萝卜、生姜洗净，生姜要刮皮；然后均切碎捣烂，用干净纱布绞汁。分次饮汁。

百日咳

识别、预防和应对

百日咳是指由百日咳嗜血杆菌引起的急性呼吸道传染病。病程长达2～3个月，故称百日咳。四季均可发病，以冬春季节比较多见。

百日咳一般是由飞沫传播的。刚开始时，症状与感冒很相似，3～4天后流鼻涕、打喷嚏等症状渐消退，出现阵发性痉挛性咳嗽，新生儿及婴幼儿期宝宝多表现阵咳后屏气、青紫、窒息，有时发生惊厥。2～6周后，阵发性痉咳减轻，鸡鸣样吸气消失，进入恢复期。如并发肺炎、脑病等可迁延数周不愈。

百日咳并发症比较多，比如有肺炎、肺气肿、支气管扩张、纵隔气肿、皮下气肿、鼻出血、结膜下出血、百日咳脑病、脱肛等。

为了预防百日咳，父母在平日里应多带宝宝到户外适当活动。当患病的宝宝阵咳发作时，会食欲不佳，父母应选择营养高、易消化的流质饮食，而且让宝宝少食多餐，在咳后进食比较好。同时要注意休息，保证室内空气新鲜，阳光充足，避免接触异味、烟尘等刺激物。

调养食谱之丝瓜粥

丝瓜有清热化痰、凉血解毒的作用，与粳米、虾米一起用，可以清热和胃、化痰止咳。

用料：丝瓜500克，粳米100克，虾米15克，姜葱适量。

制法、服法：丝瓜连皮洗净切块备用；粳米煮粥，将熟时加入丝瓜、虾米及其他配料。

便 秘

识别、预防和应对

如果宝宝平时排便很规则，突然两天以上不解大便并伴有排便费力感，就应视为便秘。如果同时伴有腹胀、腹痛、呕吐等情况，就不能认为是一般便秘，要及时送医院就诊。

平时，父母要注意给宝宝加强身体锻炼，并让宝宝养成定时排便的习惯。一般3个月以上的婴儿就可以训练定时排便。同时还要注意科学喂养，添加辅食要遵循由单一到多种且由少到多的原则。纠正宝宝偏食挑食的不良习惯，并调整饮食结构，要多吃粗纤维蔬菜，如芹菜、蒜苗、韭菜、油菜、黄瓜、竹笋等。

调养食谱之红薯粥

红薯不仅营养丰富，而且还有一定的医疗价值。红薯富含蛋白质、碳水化合物、粗纤维、钙、磷、维生素A、维生素C等，其中的纤维素可以促进胃肠蠕动，防止便秘。同粳米煮粥，除了帮助解决便秘，还能达到健脾胃、补中气的效果。

用料：新鲜红薯（以红紫皮黄心者为好）250克，粳米60克，白糖适量。

制法、服法：将红薯洗净，连皮切成小块，加水与粳米同煮为粥；待粥成时，加入白糖适量，再煮沸2分钟便可。空腹食用，可作主食。

急性扁桃体炎

识别、预防和应对

急性扁桃体炎是指腭扁桃体的急性感染，为常见病，冬春两季发病较多。急性扁桃体炎的发病比较急，患病的宝宝会突然畏寒、高热，全身不适、头痛、四肢酸痛、食欲缺乏等。咽痛，起先疼痛在一侧，继而波及对侧，吞咽、咳嗽时加重。可有同侧耳痛或耳鸣、听力减退、下颌淋巴结肿大。

爸爸妈妈要鼓励宝宝经常锻炼身体，提高抵抗力，患病期间饮食宜清淡，忌吃辛辣刺激性食物。

调养食谱之苦瓜清汤

苦瓜清热祛火，对于清肺利咽、清热解毒有一定作用，帮助患有急性扁桃体炎的宝宝祛火、缓解疼痛。

用料：苦瓜500克，瘦火腿30克，清汤1200毫升，盐2克，胡椒粉少量。

制法、服法：将苦瓜洗净，切段去子，瘦火腿切成丝；在锅内加入约250毫升的清汤，依次放入苦瓜和火腿，煮沸后，加入盐和少许胡椒粉。服用时把苦瓜捞出，饮用清汤即可。

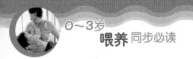

中 暑

识别、预防和应对

发生于6个月以内的小婴儿身上的中暑，多是由过暖引起，多见于夏季和冬季。刚中暑时，宝宝可出现恶心、心慌、胸闷、无力、头晕、眼花、汗多等症状。重度中暑时，症状不完全一样，可分以下3种：一是皮肤发白，出冷汗，呼吸浅快，神志不清，腹部绞痛；二是头痛，呕吐，抽风，昏迷；三是高热，头痛，皮肤发红。

夏季可让宝宝多吃一些苦味的食物，选择性地补充一些富含维生素的食物；平时要特别注意水分补充，不要让身体水分丧失过多而导致脱水，进而引发中暑。

调养食谱之冬瓜粥

冬瓜清火利尿。夏天天气炎热，给宝宝多吃一些冬瓜，利于避暑，有预防中暑的功效。配合薏米、粳米、荷叶熬成粥，解暑清热、和中除烦，对暑夏汗多、小便短赤、烦渴难解、发热后口干以及不思饮食等症状，都有缓解和帮助。

用料：冬瓜（带皮、瓤、仁）1000克，薏米90克，粳米适量，鲜荷叶1张。

制法、服法：将冬瓜洗净切块，加入薏米、粳米、鲜荷叶，同煮成粥，放少许盐调味。分次服食。

水　痘

识别、预防和应对

　　水痘是一种传染性很强，由疱疹病毒引起的急性传染病。主要经呼吸道飞沫和直接接触传播，也可通过污染的用具传染。

　　水痘的发病比较急，常伴有发热、咳嗽等症状。发热当日出皮疹，皮疹起初为红色斑丘疹，24小时内变成水疱，开始呈透明状，以后渐混浊，周围有红晕。皮疹呈向心性分布，以躯干为多，头部、四肢较少。全身症状较轻，发病初期时尚有咳嗽、流涕等症状。1～3日后疱疹结痂、脱落，一般不遗留瘢痕。宜给予清淡、易消化的半流食，如小米粥、豆浆、挂面汤等；多吃水果和蔬菜以补充维生素，多饮温开水；忌油腻及辛、辣食物；居室空气清爽、流通，保持皮肤清洁，加强护理。

调养食谱之金银花甘蔗茶

　　甘蔗可以润肺止咳，生津润燥。金银花疏风清热，解毒，其中的黄芪溶液能够抑制带状疱疹病毒，对患水痘的宝宝有辅助治疗作用。

　　用料：金银花10克，甘蔗汁100毫升。

　　制法、服法：金银花水煎至100毫升，兑入甘蔗汁代茶饮。1日1剂，7～10天为1个疗程。

痱 子

识别、预防和应对

痱子是夏季常见病，主要是由于外界气温增高而湿度大，出汗不畅所致。根据皮疹形态可分为3种类型：红痱、白痱和脓痱。

红痱是最常见的一种。皮损处为针尖大密集的丘疹或丘疱疹，周围绕以红晕，自觉烧灼及刺痒。好发于腋窝、胸、背、颈、婴儿头面及臀部等处，天气凉爽时皮疹可自行消退。

白痱。为非炎性针头大透明的薄壁水疱，易破，无自觉症状，1～2日内吸收，有轻度脱屑。好发于颈部及躯干等处，常见于体弱、高热、大量出汗者。

脓痱。在丘疹的顶端有针尖大小浅表性小脓包，包内容常无菌或为非致病性球菌。好发于宝宝头颈部和皱褶部。

少吃油腻和辛辣刺激性食物，多吃青菜和瓜果；注意保持室内通风，衣着宽松，炎热季节勤洗澡、勤换衣；对脓痱可用酒精或络合碘消毒处理。合并发热者必要时需用抗生素。

调养食谱之冬瓜猪肉

冬瓜可以消肿利尿，对于痱子的辅助治疗有很不错的效果。

用料：冬瓜60克，海带10克，薏米10克，猪瘦肉50克，盐少许。

制法、服法：用上述材料煲汤，放少许食盐调味。分次服食，隔天1剂，适当服食。

痢　疾

识别、预防和应对

痢疾多是由痢疾杆菌引起，表现有腹痛、腹泻、便后有下坠感，大便有黏液、脓血。多发生在夏秋两季。一般通过患者、携带细菌者的粪便以及由带菌苍蝇污染的日常用具、餐具、玩具、饮料等传染。严重时，还会伴随高热、昏迷、痉挛、呼吸不畅等中毒性脑病症状，宝宝脸色苍白、手脚冰冷、脉搏细弱。

患病的宝宝要吃一些米粥、软面、面包、蛋糕、新鲜果汁、菜汁等低脂肪、半流质、易消化的食物。

调养食谱之大蒜粥

大蒜中的辣素有很高的杀菌能力，可以很好地杀灭病原菌和寄生虫，对造成肠炎、痢疾的痢疾杆菌和其他细菌均有很强的杀灭力，杀灭力能达到青霉素的十分之一。

用料：选择紫皮大蒜30克，粳米100克。

制法、服法：紫皮大蒜去皮洗净切成段，粳米淘洗净，烧开沸水，放入大蒜，煮1分钟后捞出，把粳米放入，煮沸后转成小火熬烂成粥，重新把蒜放进锅里，煮熟即可食用。每天早晚各1次。

附 录
常用食材搭配宜与忌

  大约在宝宝6个月以后，母乳已经无法满足宝宝身体生长所必需的营养了。这时候，父母就可以逐步给宝宝添加辅食了。丰富而全面的营养是宝宝健康成长的基础，于是很多父母就想方设法使宝宝吃得更丰盛。

  现代营养科学的发展也为父母提供了很多帮助，各种食材的营养成分成为父母的参考，一些食物的搭配会促进宝宝对营养成分的吸收，而不当的食材搭配则会产生不良反应，不利于宝宝的健康。

  为了让宝宝的喂养更加科学，这里列举了一些宝宝辅食中常见食材搭配的宜与忌，以供父母参考。

香蕉

功效

香蕉味道香甜，口感绵软，是宝宝非常喜欢的一种辅食。香蕉果糖与葡萄糖的比例为1:1，这样的组成比例，是有效预防和改善宝宝痢疾的最佳天然食品。每天吃一根熟透的香蕉可以滋润宝宝的肠胃，有效预防和改善便秘。此外，香蕉还富含维生素A、维生素C，可以增强宝宝的免疫力和抗感染能力。

适宜搭配的食物

芝麻：把熟芝麻捣碎撒在香蕉糊里，可以增加宝宝的食欲，同时还能提高宝宝的睡眠质量。

川贝母：川贝母和香蕉的搭配，可以有效改善宝宝内热、咳嗽等症状，具有清热生津、润肺滑肠的功效。

不宜搭配的食物

土豆：土豆和香蕉搭配，容易产生化学反应，对宝宝的皮肤和消化都不好。

红薯：虽然味道口感相近，但红薯与香蕉同食，容易引起腹泻、恶心和心慌的不良反应。

苹果

功效

苹果味道酸甜，富含水分和维生素。苹果中的纤维，可以促进宝宝的生长和发育。苹果中的锌可以增强宝宝的记忆力。苹果富含果胶，是一种能够溶于水的膳食纤维，对促进宝宝排便也非常有效。

适宜搭配的食物

牛奶：苹果汁和牛奶混合，味道鲜美，甜而不腻，有清凉解渴、生津除热的作用。

酸奶：苹果和酸奶搭配，营养丰富，味道可口，促进宝宝的消化和吸收。

不宜搭配的食物

海产品：海产品和苹果搭配，容易引起消化不良。

草莓

功效

草莓味道酸甜，口感爽滑，是宝宝最爱的食品之一。草莓中富含多种维生素和矿物质，对宝宝的骨骼、皮肤、神经系统的发育都非常有帮助。草莓中的维生素C比苹果、葡萄等高出10倍以上，对宝宝大脑和智力发育有重要作用。草莓中还含有多种果酸和有机酸类物质，可以促进食欲、帮助消化，有排出重金属、提高免疫力等功效。

适宜搭配的食物

奶酪：奶酪和草莓搭配，可以有效地促进宝宝对奶酪的消化和吸收。

蜂蜜：蜂蜜和草莓搭配，可以补虚养血、润肺利肠、解毒抗癌。

不宜搭配的食物

黄瓜：黄瓜会破坏草莓中的维生素C。

南瓜：和黄瓜一样，南瓜也会破坏草莓中的维生素C及其他营养物质。

柿子

功效

　　柿子味道甘甜、口感绵软，内含大量微量元素，具有养肺胃、清燥火和止咳、利肠、除热的功效。此外，柿子含碘量高，对预防甲状腺肿大很有帮助。宝宝适量吃一些熟透的柿子是有好处的。但柿子里含有单宁，单宁物质会沉淀，形成小的结块，对宝宝来说不可多吃，吃柿子时也不可以喝冷水，不可以空腹吃。

适宜搭配的食物

　　红枣：大枣和柿子搭配，有清内热、润肠肺的功效。

　　黑豆：黑豆和柿子搭配，可以补肾、活血。

不宜搭配的食物

　　苦菜：苦菜和柿子搭配，容易引起肠胃不适。

　　红薯：红薯和柿子搭配，容易引起胃胀、腹痛、呕吐等不良反应。

柑橘

功效

能够行气解郁、生津消食、化痰利咽，对脘腹胀满、咽喉肿痛、烦渴等有辅助疗效。可增强宝宝的抗寒能力，防治感冒。

适宜搭配的食物 →

银耳：两者搭配可润肺止咳、补虚化痰。

不宜搭配的食物 →

黄瓜：黄瓜含有一种分解酶，会破坏柑橘中所含的维生素。

豆浆：两者搭配可降低营养价值。

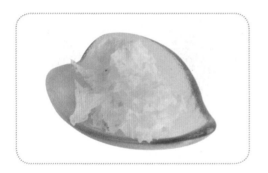

梨

功效

润肺止咳、养血生肌、清热化痰，可有效预防和改善宝宝便秘。此外还富含多种维生素和矿物质。

适宜搭配的食物

冰糖：两者搭配可辅助治疗慢性喉炎。

无花果：两者搭配可清热生津、润燥。

藕：两者搭配可辅助治疗咳嗽。

不宜搭配的食物

螃蟹：两者搭配会引发腹痛、腹泻。

牛奶

功效

牛奶营养丰富，容易消化吸收，是最接近母乳的天然食品，故有"白色血液"之称。每100毫升牛奶含有水分87克、碳水化合物5克、脂肪4克、蛋白质3.3克、钙120毫克，磷、铁、锌等维生素也非常丰富。最难能可贵的是牛奶里磷和钙的比例非常合适，有利于钙的吸收，是人体钙的最佳来源。因此可以让6个月以上的宝宝慢慢适应煮沸的牛奶，这对宝宝的成长发育是非常有利的。

适宜搭配的食物

蜂蜜：蜂蜜和牛奶搭配，营养丰富。可以润肠通便，增进宝宝食欲、促进消化和吸收。

白糖：白糖和牛奶搭配有健脾养胃的功效，对于缓解宝宝腹胀、胃酸很有帮助。

不宜搭配的食物

米汤：米汤和牛奶混合，不利于宝宝对维生素A的吸收。

巧克力：巧克力和牛奶搭配会影响宝宝对钙的吸收。

钙粉：用牛奶冲钙粉，会导致牛奶的凝固和沉淀。

鸡蛋

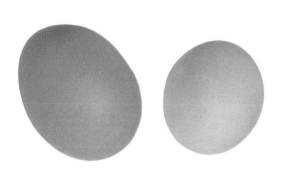

功效

　　鸡蛋是很常见的宝宝辅食材料，鸡蛋中含有丰富的营养物质。每100克鸡蛋中就含有12.7克的蛋白质，人体必需的赖氨酸和氨基酸也非常丰富。各种微量营养素也异常丰富，其中每100克蛋黄里的铁质达7毫克，可以有效满足发育中的宝宝对铁的需求。

适宜搭配的食物

　　红枣：在鸡蛋汤中放入红枣，可以更好地促进宝宝对铁质的吸收。

　　银耳：鸡蛋银耳汤，可以润肺止咳。

不宜搭配的食物

　　豆浆：鸡蛋和豆浆搭配会影响宝宝的消化和吸收，降低各自的营养价值。

　　茶水：鸡蛋与茶水搭配会产生异味，且不利于营养物质的吸收和利用。

豆浆

功效

豆浆是我国的传统饮食，含有丰富的营养物质。每100毫升豆浆中含有蛋白质2克、脂肪1.8克、碳水化合物1.5克、磷4.5克、铁2.5克、钙2.5克以及维生素、核黄素等，对增强宝宝体质大有好处。

适宜搭配的食物

白糖：白糖和豆浆搭配，有助于提高宝宝对钙的吸收和利用，还有抑菌作用，能提高宝宝的免疫力。

不宜搭配的食物

红糖：红糖和豆浆搭配会产生变性沉淀物，破坏营养成分，对宝宝的身体不利。

蜂蜜：蜂蜜和豆浆搭配会使豆浆中的蛋白质变性，影响营养价值。

南瓜

功效

南瓜富含膳食纤维，能够促进肠胃蠕动，预防宝宝便秘。南瓜中的维生素A、维生素C、维生素E的含量也异常丰富，可以增强宝宝的免疫力，补充皮肤水分，对宝宝的视力也非常有好处。

适宜搭配的食物

赤小豆：赤小豆和南瓜一起熬粥，可以帮助宝宝补充水分，具有利尿、消肿的功效。

绿豆：绿豆和南瓜搭配，可以生津益气，增加宝宝的活力和抵抗力。

不宜搭配的食物

菠菜：南瓜中含有分解酶，会破坏菠菜中的维生素C。

番茄：和菠菜一样，南瓜会破坏番茄中的维生素C。

羊肉：羊肉和南瓜搭配，会让宝宝的消化能力难以承受，导致胸闷腹胀。

菠菜

功效

菠菜富含膳食纤维、β-胡萝卜素以及多种矿物质，能润燥滑肠、排毒清热，对缺铁性贫血有改善作用。此外对保护宝宝的视力也很有帮助。

适宜搭配的食物 →

鸡蛋：两者搭配保障营养、增进健康。

胡萝卜：两者搭配可有效补充宝宝的各种维生素。

不宜搭配的食物 →

乳酪：乳酪所含的化学成分会影响菠菜中钙的吸收。

牛奶：两者搭配可引起拉肚子。

卷心菜

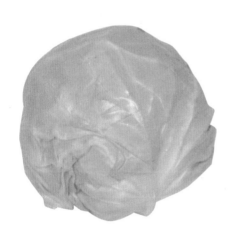

功效

　　富含多种微量元素，对宝宝的皮肤很有帮助。此外，对提高宝宝免疫力、预防感冒也有一定的帮助。具有杀菌消炎、增进食欲、促进消化、防止便秘的功效。

适宜搭配的食物

　　番茄：两者搭配可滋阴润燥、益气生津。

　　猪肉：两者搭配可润肠胃、补脾、生津。

　　木耳：两者搭配可滋阴润燥、健胃补脑。

不宜搭配的食物

　　黄瓜：黄瓜中的分解酶会破坏卷心菜所含的维生素C，降低其营养价值。

油菜

功效

　　油菜含有大量β-胡萝卜素和维生素C，有助于增强机体免疫能力。油菜含钙量在绿叶蔬菜中为最高，具有清热润燥、舒张血管、促进血液循环的功效。

适宜搭配的食物

　　虾仁：两者搭配可祛瘀消肿、清热解毒，还可获得更多的钙质。

　　香菇：两者搭配可增强人体免疫力。

不宜搭配的食物

　　南瓜：两者搭配可分解维生素C，降低油菜的营养价值。

　　燕窝：两者搭配不利于营养物质的吸收和利用。

菜花

功效

　　菜花质地细嫩，含纤维少，是学龄前儿童最佳蔬菜之一。爽喉、开音、润肺。菜花能够促进人体的新陈代谢，可有效改善小儿发育迟缓等症。

适宜搭配的食物

　　番茄：两者搭配对宝宝便秘有辅助疗效。

不宜搭配的食物

　　黄瓜：黄瓜中的分解酶会破坏菜花所含的维生素C，降低营养价值。

　　牛奶：两者搭配影响钙的消化和吸收。

　　猪肝：两者搭配降低人体对营养物质的吸收和利用。

西蓝花

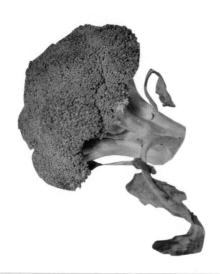

功效

质地细嫩，富含多种矿物质，能提高机体免疫力，增强肝脏的解毒能力，预防感冒，促进宝宝的新陈代谢。

适宜搭配的食物

胡萝卜：两者搭配可预防消化系统疾病。

番茄：两者搭配可有效促进营养素的吸收。

不宜搭配的食物

牛奶：两者搭配影响人体对牛奶中钙质的吸收和利用。

西葫芦

清热利尿、除烦止渴、散结消肿、润肺止咳。可增强机体免疫力。辅助治疗水肿、腹胀等。

适宜搭配的食物

鸡蛋：两者搭配可补充优质蛋白。

洋葱：两者搭配可提高机体免疫力，降压、降糖。

韭菜：两者搭配可改善宝宝便秘。

不宜搭配的食物

番茄：番茄中的维生素会被西葫芦中的维生素分解酶破坏。

胡萝卜

功效

富含多种维生素，可润皮肤、增强宝宝免疫力和保护视力。还有促进消化、杀菌的作用。

适宜搭配的食物 ➡

山药：两者搭配可健胃、增加食欲。

豆浆：两者搭配可促进钙的吸收，增强体质、消除疲劳。

不宜搭配的食物 ➡

柑橘：胡萝卜中的分解酶会破坏柑橘中的维生素C，降低其营养价值。

大枣：胡萝卜含有抗坏血酸酶酵，会破坏大枣中的维生素C。

香菇

功效

健脾益胃、益智安神，促进体内钙的吸收，增强人体免疫力，预防感冒。

适宜搭配的食物

黄豆：两者搭配可益气补虚、健脾和胃。

豆腐：两者搭配可健脾养胃，增加宝宝食欲。

猪肉：两者搭配可调养脾胃，改善宝宝营养不良。

不宜搭配的食物

鹌鹑肉：两者搭配容易使人体产生血管痉挛。

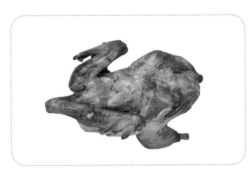

猪肉

功效

　　猪肉可以为宝宝的生长发育提供优质的蛋白质和必需的脂肪酸，是处于长身体阶段的宝宝最佳的营养食品。猪肉可以提供血红素和促进人体对铁吸收的半胱氨酸，能够改善缺铁性贫血。此外猪肉纤维比较细软，结缔组织也很少，肌肉组织里含有很多的肌间脂肪，肥瘦比例合理，烹调加工后味道特别鲜美。

适宜搭配的食物 ➡

　　白萝卜：白萝卜和猪肉搭配可健胃消食、化痰、顺气、利尿、通便等。

　　苦菜：苦菜和猪肉搭配可以改善咳嗽、便秘、痢疾、黄疸等症状。

　　薏米：薏米和猪肉熬粥可清热解毒、祛斑。

不宜搭配的食物 ➡

　　豆类：豆类和猪肉搭配可导致腹胀、气滞，影响营养成分的吸收。

　　杏仁：杏仁和猪肉同时吃会引起腹痛。

鸡肉

功效

与猪肉、牛肉等其他肉类相比，鸡肉的蛋白质含量很高，脂肪含量较低。鸡肉蛋白质中富含全部人体必需氨基酸，其含量与蛋、乳中的氨基酸谱式极为相似，因此是优质的蛋白质来源。每100克鸡肉中就含有24克蛋白质，是几乎不含脂肪的高蛋白食品。鸡肉也是磷、铁、铜与锌的良好来源，并且富含维生素B$_{12}$、维生素B$_{6}$、维生素A、维生素D、维生素K等。

适宜搭配的食物

洋葱：洋葱和鸡肉搭配可滋肝健骨、润身暖胃，提高宝宝的抵抗力。

菜心：菜心和鸡肉搭配，有健脾胃、强筋骨、促进身体新陈代谢的作用。

不宜搭配的食物

芥末：芥末搭配鸡肉热性强，宝宝吃后容易引起内火。

牛肉

功效

富含优质蛋白质，补中益气、滋养脾胃、化痰、止渴，能有效改善机体贫血、提高抵抗力，对宝宝生长发育、改善体质等有辅助疗效。寒冬食用牛肉，有暖胃的作用。

适宜搭配的食物

大葱：两者搭配对风寒感冒、头痛鼻塞有辅助疗效。

生姜：两者搭配可化痰止咳、解表散寒，对风寒感冒、咳嗽有辅助疗效。

不宜搭配的食物

猪肉：两者一温一寒，一补中脾胃，一冷腻虚人。性味相抵，相互干扰。《药膳正要》中记载：猪肉不可与牛肉同食。

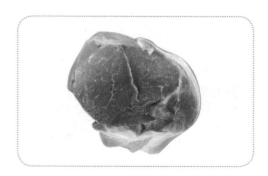

羊肉

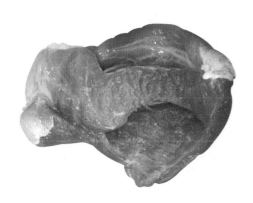

功效

益气补虚，促进血液循环，增强御寒能力。可增加消化酶，保护胃壁，帮助消化。

适宜搭配的食物

姜：两者搭配可驱寒保暖，辅助治疗脘腹寒痛。

不宜搭配的食物

西瓜：两者搭配容易"伤元气"。因为羊肉性温热而西瓜性寒，进食西瓜后，不仅降低羊肉的温补作用，还有碍脾胃。

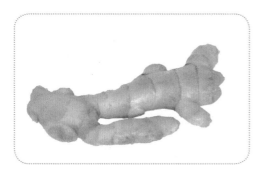